青年拔尖人才

TOP YOUNG TALENT

说 材料化学 第一辑

北京航空航天大学科学技术研究院 ◎ 组编

人民邮电出版社

北 京

图书在版编目（ＣＩＰ）数据

青年拔尖人才说材料化学. 第一辑 ／ 北京航空航天大学科学技术研究院组编. -- 北京 ： 人民邮电出版社，2023.12
　ISBN 978-7-115-62209-9

　Ⅰ．①青… Ⅱ．①北… Ⅲ．①材料科学－应用化学－文集 Ⅳ．①TB3-53

中国国家版本馆CIP数据核字(2023)第247105号

内 容 提 要

　　本书基于北京航空航天大学科学技术研究院组织的"零壹科学沙龙"先进材料专题研讨活动，在 12 篇青年拔尖人才基于各自取得的阶段性科研成果所做的科普报告的基础上整理、集结而成。全书主要涵盖了仿生材料、纳米复合材料、多相复合材料、生物大分子材料、微结构材料、聚合物给体材料、智能软材料、热电材料、热电微器件、锂-空气电池、体全息光栅材料、电磁隐身材料等内容。

　　本书以通俗的语言介绍材料与化学领域前沿的科技知识，适合广大科技爱好者阅读，也可作为相关专业研究人员的参考书。

◆ 组　　编　北京航空航天大学科学技术研究院
　　责任编辑　刘盛平
　　责任印制　焦志炜

◆ 人民邮电出版社出版发行　　北京市丰台区成寿寺路 11 号
　　邮编 100164　电子邮件 315@ptpress.com.cn
　　网址 https://www.ptpress.com.cn
　　北京捷迅佳彩印刷有限公司印刷

◆ 开本：700×1000　1/16
　　印张：16.75　　　　　　　　　2023 年 12 月第 1 版
　　字数：238 千字　　　　　　　2023 年 12 月北京第 1 次印刷

定价：79.80 元

读者服务热线：**(010)81055552** 印装质量热线：**(010)81055316**
反盗版热线：**(010)81055315**
广告经营许可证：京东市监广登字 20170147 号

寄语

林群
中国科学院院士

普及科学技术知识、弘扬科学精神、传播科学思想、倡导科学方法，为我国实现高水平科技自立自强贡献力量！

林群

刘大响
中国工程院院士

仰望星空　放飞梦想
脚踏实地　砥砺奋进
刘大响

戚发轫
中国工程院院士

不忘空天报国的初心
牢记空天强国的使命
戚发轫

徐惠彬
中国工程院院士

赵沁平
中国工程院院士

使我国科技从跟踪追赶世界科技潮流，转变为与世界科技潮流并跑，进而领跑世界科技，是新时代青年技术创新人才的历史际遇和伟大的历史使命。

赵沁平

王华明
中国工程院院士

交叉融合
开拓创新

王华明

房建成
中国科学院院士

服务国家重大需求，
勇攀世界科技高峰。

房建成

郑志明
中国科学院院士

在强调基础创新的时代，追求推动现代工程技术重大发展的科学原理，比简单占有和应用科技知识更为可贵。

郑志明

向锦武

中国工程院院士

求是惟真
探索尽前

向锦武

苏东林

中国工程院院士

牢记北航人传统，传承电磁人文化，
报效祖国，服务国防。

苏东林

王自力

中国工程院院士

牢记科技报国，当不我国使命责任，
踔厉奋发，创新争先，笃行不怠，
为祖国高水平科技自立自强和人类
美好的明天不懈奋斗。

王自力

钱德沛

中国科学院院士

脚踏实地，不断登攀，
把青春岁月献给亲爱的祖国！

钱德沛

赵长禄
北京航空航天大学党委书记

繁荣学术　求真务实
勇于创新　自立自强

赵长禄

王云鹏
北京航空航天大学校长、党委副书记
中国工程院院士

传承北航空天报国精神
为党育人，为国育才
青年博士人才使命光荣

丛书编委会 |

本书编委会

主　编：程群峰

编　委（按姓氏笔画排序）：

王广胜　王志坚　史志伟　刘　欢
刘明杰　杨　康　李卫平　邱玉婷
张　瑜　祝　薇　殷　莎　程群峰
管　娟　霍利军

党的十八大以来，习近平总书记对高等教育提出了一系列新论断、新要求，并多次对高等教育，特别是"双一流"高校提出明确要求，重点强调了基础研究和学科交叉融合的重要意义。基础研究是科技创新的源头，是保障民生和攀登科学高峰的基石，"高水平研究型大学要发挥基础研究深厚、学科交叉融合的优势，成为基础研究的主力军和重大科技突破的生力军"。

北京航空航天大学（简称"北航"）作为新中国成立后建立的第一所航空航天高等学府，一直以来，全校上下团结拼搏、锐意进取，紧紧围绕"立德树人"的根本任务，持续培养一流人才，做出一流贡献。学校以国家重大战略需求为先导，强化基础性、前瞻性和战略高技术研究，传承和发扬有组织的科研，在航空动力、关键原材料、核心元器件等领域的研究取得重大突破，多项标志性成果直接应用于国防建设，为推进高水平科技自立自强贡献了北航力量。

2016 年，北航启动了"青年拔尖人才支持计划"，重点支持在基础研究和应用研究方面取得突出成绩且具有明显创新潜力的青年教师自主选择研究方向、开展创新研究，以促进青年科学技术人才的成长，培养和造就一批有望进入世界科技前沿和国防科技创新领域的优秀学术带头人或学术骨干。

为鼓励青年拔尖人才与各合作单位的专家学者围绕前沿科学技术方向

及国家战略需求开展"从0到1"的基础研究，促进学科交叉融合，发挥好"催化剂"的作用，联合创新团队攻关"卡脖子"技术，2019年9月，北航科学技术研究院组织开展了"零壹科学沙龙"系列专题研讨活动。每期选定1个前沿科学研究主题，邀请5～10位中青年专家做主题报告，相关领域的研究人员、学生及其他感兴趣的人员均可参与交流讨论。截至2022年11月底，活动已累计开展了38期，共邀请了222位中青年专家进行主题报告，累计吸引了3 000余名师生参与。前期活动由北航科学技术研究院针对基础前沿、关键技术、国家重大战略需求选定主题，邀请不同学科的中青年专家做主题报告。后期活动逐渐形成品牌效应，很多中青年专家主动报名策划报告主题，并邀请合作单位共同参与。3年多来，"零壹科学沙龙"已逐渐被打造为学科交叉、学术交流的平台，开放共享、密切合作的平台，转化科研优势、共育人才的平台。

将青年拔尖人才基础前沿学术成果、"零壹科学沙龙"部分精彩报告内容集结成书，分辑出版，力图对复杂高深的科学知识进行有针对性和趣味性的讲解，以"宣传成果、正确导向，普及科学、兼容并蓄，立德树人、精神塑造"为目的，可向更多读者，特别是学生、科技爱好者，讲述一线科研工作者的生动故事，为弘扬科学家精神、传播科技文化知识、促进科技创新、提升我国全民科学素质、支撑高水平科技自立自强尽绵薄之力。

北京航空航天大学副校长

2022年12月

纵观人类科技历史的发展，科学和工业的革命性突破多伴随着新材料和新技术的发现与完善，其中新材料的研发和新化学原理的提出尤为关键。《"十三五"国家科技创新规划》指出，面向 2030 年，再选择一批体现国家战略意图的重大科技项目，力争有所突破，其中提到重点新材料研发及应用。《中华人民共和国国民经济和社会发展第十四个五年规划和 2035 年远景目标纲要》明确提出，基础材料是需要集中优势资源攻关的关键核心技术之一。党的二十大报告也提出，推动战略性新兴产业融合集群发展，构建新一代信息技术、人工智能、生物技术、新能源、新材料、高端装备、绿色环保等一批新的增长引擎。这些都对材料化学学科的发展寄予希望并提出了更高的要求。

在各级部门的关怀下，北航材料化学学科发展迅速，围绕国家重大战略需求，瞄准国际学术前沿，取得了一批批重大科技成果，并获得了多项科技奖励，包括 3 项国家技术发明奖一等奖、1 项国家技术发明奖二等奖、3 项国家自然科学奖二等奖、1 项国家科学技术进步奖二等奖等；在材料化学的功能调控新原理、新概念、新方法等基础研究方面，在 *Science*、*Nature* 上发表了十余篇论文，取得了诸多高质量原创性成果。2017 年及 2022 年，北航材料科学与工程学科连续两轮入选国家"双一流"建设学科。在教育部学科评估中，北航材料科学与工程学科连续获评

A+。2012 年，北航化学学科进入基本科学指标数据库（Essential Science Indicators，ESI）全球排名前 1%；2019 年，北航材料学科进入 ESI 全球排名前 1‰。在全院师生的共同努力下，北航材料科学与工程学院为航空航天、国防建设、新能源产业等领域培养了一大批优秀人才，成为推动中国材料和化学事业进步的重要力量。

　　本书内容来源于北京航空航天大学科学技术研究院组织的"零壹科学沙龙"先进材料专题研讨活动的科普报告。十余位青年拔尖人才瞄准材料化学学科领域的部分前沿高科技问题，用通俗的语言将仿生材料、纳米复合材料、热电材料、隐身材料等的科学知识娓娓道来。本书内容从一个侧面反映了北航材料化学学科领域研究的新成果。希望本书对有志于从事材料化学学科领域研究的读者以启迪，更希望本书能够激发普通读者的科学兴趣，增强他们的科学素养。

北京航空航天大学材料科学与工程学院教授

2023 年 6 月

目录 CONTENTS

目录 CONTENTS

目录 CONTENTS

目录 CONTENTS

目录 CONTENTS

仿生限域液体操控及图案化

北京航空航天大学前沿科学技术创新研究院

刘　欢

为了适应诸如沙漠、湖泊、雨林、溪流等复杂或严苛的环境，生物体经历漫长演化，进化出了多种与液体输运相关的功能结构，从而能更好地适应生存环境。这些功能结构的背后蕴含着有趣的科学问题——如何高效地操控液体。例如，用动物秋毫做的毛笔为什么可以很好地控制墨汁并写字绘画？蚕丝的光泽度为什么那么好？雨后的蒲公英种子冠毛为什么能抓取一个个大水滴？水鸟羽毛为什么能长期保持自清洁？湖面上的水黾为什么能在大雾天生存？水蜘蛛为什么能在水下生活？

纤维作为生命的重要结构单元，不仅能维系组织稳定，还能为操控其表面各种液体行为，如高效收集、快速传输、稳定超疏水等提供助力。自然界中的纤维通过构筑多种形式的固液界面从而表现出多种形式的与水相互作用的行为，一些奇妙的功能远远超乎于人类目前的设计。相较于传统的管道结构，纤维更易实现大面积的可控制备，能和液体相互作用且不易被堵塞，在操控液体行为方面表现出诸多优势。仿生限域液体操控是设计新材料的一种重要方法，即从自然中发现新纤维结构及其表面液体独特的动态浸润行为，揭示其蕴含的界面新机理，从而启发新材料的设计和制备，最终用于构筑新器件。这将对微电路印制、液体痕量可控输运、微纳尺度化学反应操控、光电信息、生物芯片与传感等诸多领域产生重要影响。

本文首先从自然界中各种纤维表面特殊的液滴浸润行为出发，结合原位表征技术，揭示纤维结构操控液体行为的物化机制，发展操控液体行为的新策略，构筑高效的仿生器件，然后探究其在大面积直写、高分辨图案化、柔性透明电极、量子点发光二极管（QLED）等领域的应用，最后总结了仿生限域液体操控研究存在的挑战，展望了该领域的前景和发展方向。

自然界的启示——微纳尺度限域结构

天然纤维有多种微观结构，为生物体更好地适应周围生存环境提供了有力的帮助，同时也为发展各种液体操控系统提供了灵感。例如，毛笔头的锥形结构、蚕丝的并列双纤维结构、蒲公英冠毛的弹性结构、鹅毛的梯度楔形结构、竹纤维分级有序的微纳沟槽结构、水黾腿刚毛和水蜘蛛腹部微米尺度的锥形纤维结构等表现出多种形式的液体操控性能，如液体可控输运、均匀涂层、抓取大液滴、表面自清洁、高湿环境下的稳定超疏水等，如图 1 所示[1-2]。

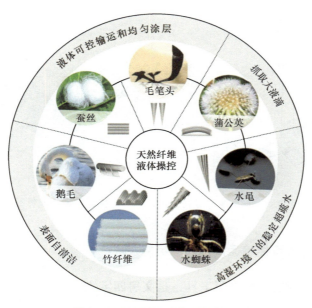

图 1　天然纤维的液体操控性能

1. 微纳尺度限域结构液体操控的驱动力

具有楔形结构、锥形结构（或管道）和弹性结构的纤维材料可通过限域结构诱导表面液体形成对称液膜，从而产生拉普拉斯压力差（Laplace Pressure Difference），实现对液体的操控[1-2]。同时，表面微纳尺度限域结构有利于产生毛细作用力，促进浸润液体的快速铺展，具有适当拓扑的角结构和（或）边缘结构有助于液体的钉扎，从而实现方向性的液体输运。

对于楔形结构纤维，液体受毛细力牵引并向着开口角 α_2 传输 [见图 2（a）]。当 α_2 减小时，液面高度 $H(x)$ 随之上升，表明梯度楔形角更有利于液体扩散。锥形结构纤维因具有轴向半径不相等（$r_1 > r_2$）的特点，能诱导液面形变产生拉普拉斯压力差，拉普拉斯压力差驱动液体自发地从高曲率侧（尖端）向低曲率侧（底部）传输，锥管也能诱导液膜形变产生拉普拉斯压力差，但牵引液体朝尖端运动 [见图 2（ b ）][3]。弹性结构纤维在弹力 $\boldsymbol{F}_e$、黏附力 $\boldsymbol{F}_a$ 和流体静压力 $\boldsymbol{F}_h$ 达到平衡时可以稳定抓取液体 [见图 2（ c ）][4]。

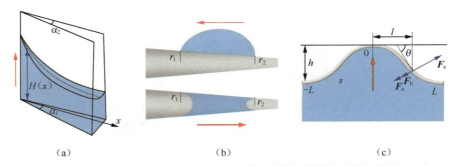

（a）　　　　　　　　　　（b）　　　　　　　　　　（c）

图 2　楔形结构、锥形结构（或管道）及弹性结构纤维操控液体行为的驱动力

2. 锥形纤维可控输运液体——毛笔头

毛笔是我国的传统书写工具，是文房四宝之一，几千年来一直被用于绘画和书法以表达情感和传递人类文明。毛笔头既可以大量稳定地储存墨水，也可以稳定地、均匀地、连续地将墨水输运到目标位置生成图案化的书法作品。然而，当剪掉毛笔头前端时，其输运墨水的能力会急剧下降，导致书写的图案出现不可控的晕染 [见图 3（ a ）]。

众所周知，毛笔头由动物新生毛发——毫构成，单根毛发呈锥形结构，表面覆盖有定向、梯度排列的鳞片 [见图 3（ b ）]。研究发现，锥形结构的毛发在毛笔稳定地汲取墨汁、可控地释放墨汁和可控书写中均发挥了重要作用：锥形结构的毛发为其表面液体提供了定向的拉普拉斯压力差，是毛笔头可以大量储存墨水的重要驱动力，同时也是保证毛笔在写字的时候维持墨水始终处于动态平衡的重要因素 [3]。

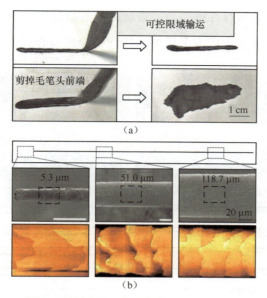

可控限域输运

剪掉毛笔头前端

1 cm

（a）

5.3 μm   51.0 μm   118.7 μm

20 μm

（b）

图 3　锥形纤维可控液体输运——毛笔头

3. 并列双纤维克服瑞利不稳定——蚕丝

瑞利不稳定是生活中常见的一种现象。例如，水龙头流下的水柱会自发断裂形成水珠；纤维表面的液膜会自动形成周期性的液滴。用溶液法（包括溶液涂覆、静电纺丝、微流控等）制备纤维表面时，涂层常常伴随液膜液滴的形成而出现不均匀及断裂现象，也就是说，瑞利不稳定是溶液法制备均匀涂层的不利因素。目前，利用紫外线、高温或化学反应引发的液膜即刻固化是克服瑞利不稳定常用的有效方法，但这些方法操作复杂，涂层材料选择范围有限。

蚕丝是人类最早使用的天然纤维之一，由内部的并列双纤维和外部的丝胶液膜涂层组成。蚕丝在被吐出时，表面的丝胶液膜均匀分布，并未出现明显的瑞利不稳定现象（见图 4）[5]。这归因于并列双纤维改变了表面丝胶液膜的对称性，从而引起拉普拉斯压力差变化，同时并列双纤维之间空隙引发的毛细力也利于丝胶液膜在纤维表面沿着长轴方向铺展，在这两者的共同作用下，并列双纤维表面的液膜就能有效地克服瑞利不稳定，呈现均匀分布。这为常温常压下采用溶液法均匀涂覆复合纤维提供了新思路。

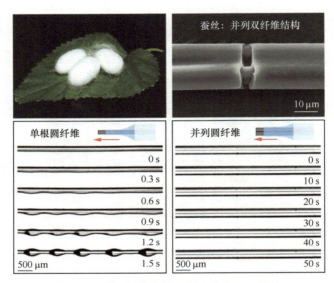

图 4　并列双纤维克服瑞利不稳定——蚕丝

4. 纤维弹性与液体可控输运——蒲公英

　　成熟的蒲公英冠毛由多根冠毛纤维按水平辐射状排列组成，呈现降落伞形状，同时借助风力传播种子。清晨，人们常常可以观察到蒲公英冠毛表面捕获了很多晶莹剔透的液滴。我们课题组通过研究揭示了蒲公英冠毛湿度响应的形貌变化（见图 5）：随周围环境湿度的变化，冠毛纤维会呈现出典型的"张开（低湿环境）- 闭合（高湿环境）"的可逆运动。这种行为有利于种子传播[6]，以及冠毛高效地抓取大液滴[4]。冠毛的湿度响应运动的机制在于与冠毛相连的叶枕内两种斜交方向排列的管胞（区域Ⅰ和区域Ⅱ）在高湿度环境下的可逆侧向膨胀行为。随着环境相对湿度（RH）的增加 / 减小，辐射状排列的冠毛纤维阵列的张合角度会减小 / 增大，导致其在空气飞行受到的空气阻力减小 / 增大，从而传播距离扩大 / 缩短。此外，基于冠毛弹性和冠毛之间张开角度的协同效应，蒲公英冠毛能稳定捕获到一个个大水滴，单个种子上的冠毛能从水中稳定抓取约为 96 倍自身质量的液体。

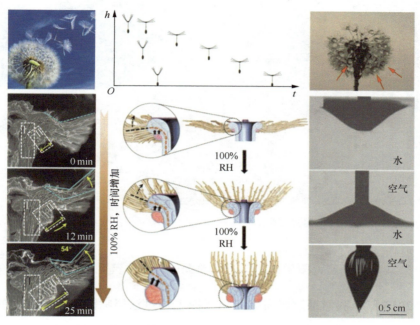

图 5　蒲公英冠毛湿度响应的可逆形变及可控抓取大液滴

5. 多尺度的沟槽结构与液体超铺展——竹纤维

竹纤维织物具有出色的清污能力，在不使用任何表面活性剂的情况下，通过简单的水流冲洗表面即可快速清除竹纤维织物上的油污（见图 6）。研究发现，竹纤维表面沿长轴方向有多尺度山脊和沟槽结构，相邻山脊之间会形成狭窄的一级微米槽，每个山脊表面分布着大量二级纳米沟槽，而低脊上方的两个相邻高山脊之间构成了三级微米通道[7]。当液体在竹纤维上铺展时，一级微米槽内的弯月面引起的负压梯度可以驱动液体快速铺展；二级纳米沟槽将液膜分割成无数微小的部分，局部半径减小，曲率增大进一步增强了毛细作用；三级微米通道内由于两个高通道与中间的低通道组成典型的"毛细管"，利于液体快速铺展。这种微纳复合沟槽结构利于产生多尺度的毛细力，协同促进液体超快速铺展，从而实现自清洁。

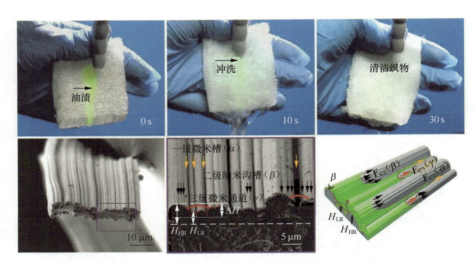

图 6　多尺度微纳沟槽结构与液体超铺展——竹纤维

6. 双重夹角空间限域结构与液体单向输运——鹅毛

2015 年，我们课题组研究揭示了鹅毛通过涂层唾液可实现短暂的表面超亲水，其周期性的方向性楔角结构诱导液体从鹅毛纤维的根部向尖部定向输运（见图 7）[8]。鹅毛纤维上存在各向异性的不对称结构，由两种不同类型的夹角组合而成：一是羽小支（Barbule）和羽支（Barb）之间形成一个角度逐渐变化的楔形夹角 β；二是羽小支之间像瓦片一样相互叠压形成的夹角 α。在夹角 β 由大变小的方向上，小角端几乎是闭合的，由于毛细力的作用，液体不可能进入邻近的后一级通道，所以在此方向的液体就会停止铺展。在夹角 β 由小变大的方向上，液体在毛细力的作用下将通道填满，通道内液面升高到一定高度可以漫过 β 的小角端。同样，在毛细力的作用下，液体将夹角 β 填满，再进入夹角 α。液体在此处受到的毛细力较大，会快速铺展，通道内的液体量也会急剧增加，导致液面升高，再进入临近下一级通道，从而实现液体在鹅毛纤维结构上的持续铺展。基于这种双重夹角空间限域结构，液体可以在鹅毛纤维结构上实现从根部向尖部的定向输运。

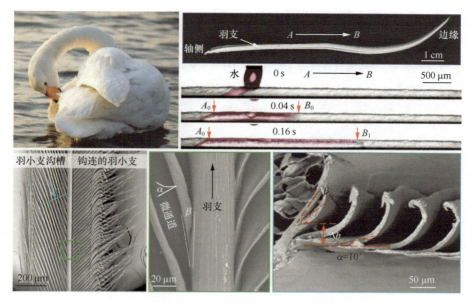

图 7 双重夹角空间限域结构与液体单向输运——鹅毛

7. 微米尺度锥形纤维和高湿环境下的稳定超疏水——水蜘蛛和水黾

超疏水表面在自清洁、防冰、减阻、电催化剂等领域有广泛应用。非极性超疏水表面通常由单一纳米结构或微纳米复合材料构筑。这种高度纹理化的表面经常因尺度相近的微纳米小水珠渗透而难以在高湿环境中保持超疏水性。目前，在高湿环境下实现稳定超疏水仍然是挑战。超疏水在许多自然生物中都有发现，研究多集中在拓扑结构上，而对尺寸特征关注较少。近日，我们课题组发现水黾腿和水蜘蛛腹部的超疏水纤维具有一个共同的尺寸特征，即微米尺度的锥形纤维，可以用参数 $rp/l > 0.75$ μm 表示（r、l 和 p 分别为纤维的半径、长度和纤维之间顶点间距）[9-10]。仿生超疏水的微米尺度锥形纤维阵列（rp/l 值高达 0.85 μm）在高湿环境下具有稳定的超疏水性（见图 8）。纤维之间微米尺度的不对称受限空间产生的巨大拉普拉斯压力差，足以将凝聚水珠推开；尖端有助于固定水下气囊，寿命超过 41 天。参数 rp/l 描述了微米尺度锥形纤维的尺寸特征和拓扑结构，为高湿环境下稳定超疏水纤维材料的制备提供了新思路。

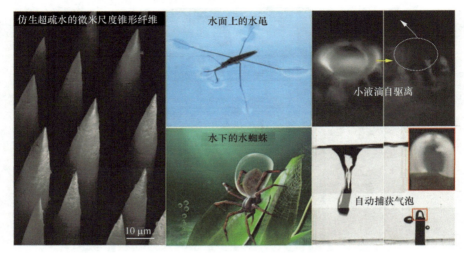

图 8　仿生超疏水的微米尺度锥形纤维阵列及高湿环境下的稳定超疏水

仿生材料的液体单向输运及自清洁

液体定向输运常常由表面结构梯度驱动，是一种重要的物质和能量传递手段，在雾水收集、油水分离、微流体以及过滤等领域有着广泛的应用前景。自然界中的很多结构都能够驱动液体定向输运，这为仿生材料设计提供了有效策略。目前，关于仿生材料用于可润湿液体定向输运的成果已有很多，液体的输运速度为 3 ～ 30 μm/s。发展高效的液体单向输运体系及拓展液体选择范围具有重要意义。

1. 锥形纤维诱导流体定向输运

锥形纤维常作为定向输运液体的理想体系。例如，液滴在锥形铜丝表面的定向自驱动行为。锥形纤维能诱导表面的浸润液体（水滴或油滴）发生形变，产生拉普拉斯压力差，驱动液滴朝着纤维曲率半径大的方向移动。如图 9 所示，液滴（硅油和水滴）在锥形铜丝表面做定向移动，最终平衡在某个位置，平衡位置与液滴体积、锥形铜丝顶角和放置角度有关，与液滴释放位置无关。当液滴悬挂于竖直锥形铜丝尖端时，锥形铜丝对液滴的转移效率达到最大[11]。此外，锥形铜丝还能单向输运空气中的气泡[12]。空气中的气泡与液体的合并过程有两种典型的浸润状态：疏气泡状态——气泡静立在液体表面上，呈现出完美的球形而没有与液体合并；亲气泡状态——气泡与液体表面合并，以准半球的形状稳定在液体表面上。疏气泡状态是一种高能的亚稳态，气泡与液体界面之间会形成一层薄薄的气垫，产生能量势垒，阻止气泡与液体表面的自发合并。可通过施加外力使气垫消失来克服能量阻碍，气泡将与液体表面合并，稳定在亲气泡状态。因此，半球形气泡能在超亲水锥形纤维表面定向输运。

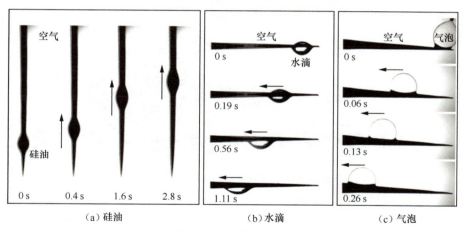

（a）硅油　　　　　　　（b）水滴　　　　　　　（c）气泡

图 9　锥形铜丝表面的液体定向输运

2. 凹曲面锥形纤维诱导液体超快速定向输运

相较于圆锥形纤维，具有凹曲面的锥形纤维可实现自发性的液体超快速单向输运（见图 10）[13]。与传统锥形纤维不同，凹面三棱锥表面液体前端的弯月面呈现"∩"形状。拉普拉斯压力差决定了液体在锥形结构表面的输运方向，而由凹曲面和微型山脊结构引起的毛细效应及由减小横截面积而增强的拉普拉斯压力差会加速单向输运。当从尖端定向运动到底端

仿生限域液体操控及图案化

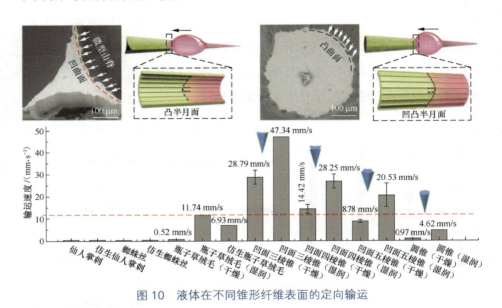

时，液体在圆锥（干燥）、凹面三棱锥（干燥）、凹面四棱锥（干燥）和凹面五棱锥（干燥）表面的输运速度分别是 0.97 mm/s、28.79 mm/s、14.42 mm/s 和 8.78 mm/s。液体在凹面三棱锥（干燥）表面的输运速度是瓶子草绒毛（干燥）表面液体（输运速度为 0.52 mm/s）的 50 多倍。液体在凹面三棱锥（湿润）表面的输运速度（47.34 mm/s）甚至能比凹面三棱锥（干燥）表面提升近一倍。

图 10　液体在不同锥形纤维表面的定向输运

3. 浸润性液体和非浸润性流体在三维有序锥形空间结构的定向输运

沿"尖端 - 底面"排列的三维有序锥形空间结构为液体的可编程操控提供了新方法，可以实现浸润性液体和非浸润性液体的定向输运（见图 11）[14]。浸润性液体（乙醇，接触角约为 3.7°，摩擦系数 $\lambda \approx 0.3$）受每个角的毛细力诱导朝三维有序锥形空间结构底面定向输运；非浸润性液体（水，接触角约为 110.3°，摩擦系数 $\lambda \approx 0.9$）受液体强静压力驱动并克服不对称凹槽和结构重叠区域的反向拉普拉斯压力差朝三维有序锥形空间结构底面定向输运。该结构能通过钉扎方法快速制备。三维有序锥形空间结构设计使其表面的液体单向输运性能具有良好的机械稳定性，因此提高结构的重叠度能有效地促进液体定向输运。

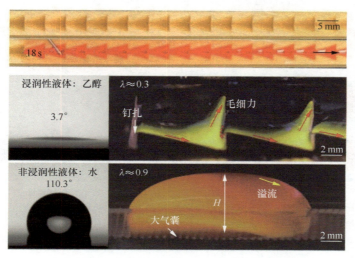

图 11　浸润性液体和非浸润性液体在三维有序锥形空间结构的定向输运

4. 仿生自清洁表面

自清洁技术广泛应用于智能窗户、涂层、薄膜等领域。自清洁表面分为两种：一种是基于超亲水表面，水滴可以迅速铺展成水膜，进入基底和灰尘之间的缝隙并将灰尘带走；另一种是基于超疏水表面，液滴落在超疏水表面通过滚动带走污染物。受竹纤维织物启发，3D 打印仿生取向的多尺度凹槽结构（一级微米槽、二级纳米沟槽和三级微米通道）能使基板表面保持长期稳定的超双亲（即超亲水和超亲油）性质[7]。多尺度的毛细力驱动液体快速铺展，展现出良好的自清洁性能 [见图 12（ a ）][7]。同时，受鹅毛结构启发，我们课题组利用 3D 打印仿生制备了具有自清洁功能的人造鹅毛，可有效清除嵌在深层结构之间的微小污渍，为自清洁材料的制备提供了新思路 [见图 12（ b ）][8]。通过表面化学改性，表面各向异性的微观结构产生的毛细力能驱动液体做长距离定向输运，形成沿着优选方向传输的水膜，结构之间的低表面张力油渍和小尺寸污染物能被水膜替换并定向去除。

仿生限域液体操控及图案化

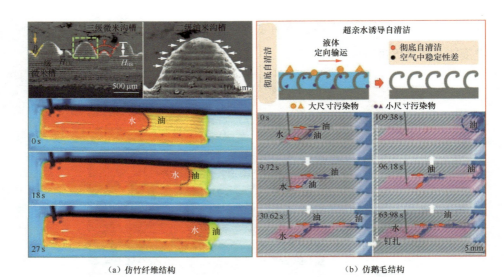

（a）仿竹纤维结构　　　　　　　　　（b）仿鹅毛结构

图 12　仿生自清洁表面

可控输运液体及图案化——面向高性能薄膜器件

近年来，溶液法被广泛应用于制备各种光电薄膜器件，包括有机场效应晶体管、柔性透明电极以及照明和显示器件等。这些光电薄膜器件的核心功能层均为各种形式的图案化薄膜。其中，图案的微观结构是决定器件性能的关键。现有的图案的制备方法包括喷墨打印、蘸笔印刷和微接触印刷，其优点是可制备图形化薄膜，分辨率高，但图案的连续性和均匀性差，会严重影响器件性能。因此，微纳尺度液体输运的精准调控成为溶液法制备图案化薄膜的新挑战。受毛笔的启发，我们课题组提出了利用并列锥形纤维界面限域可控输运液体的新思路，发展了直写制备图案化薄膜的新方法，实现了微米尺度的高分辨率，厘米尺度的大面积均匀性，以及图案化结构单元在纳米和分子尺度的取向性。相比目前常用的喷墨打印方法，新方法的分辨率显著提高，且图案的大面积均匀性和有序度也得到改善。

1. 图案化

受毛笔的启发[3]，我们课题组开发了一种由并列平行排列的新生毛发为书写单元的直写设备[15]，实现了在不同基底（纸、玻璃和硅片）表面直写不同溶液（钙黄绿素、罗丹明B、PEDOT:PSS和银纳米颗粒）为微米线图案化表面[见图13(a)]，线宽可调，且分辨率可达10 μm。通过调控并列多锥形纤维的数量，可直写制备不同线宽的微图案。这代表了一种用于直写微图案的简便、低成本、无模板且可控性良好的新方法。

为了进一步提高图案分辨率，我们课题组开发了并列三锥形纤维直写单元[16]，实现了直写线宽分辨率达1 μm。微米线的分布均匀、边界清晰[见图13(b)]。这种并列三锥形纤维的直写单元直写的微图案分辨率主要由中心锥形纤维控制，一侧纤维支撑整个单元，另一侧纤维有利于将液体引导到基底。通过改变写入参数（速度、高度和角度），可在1 μm ～ 1.3 mm内控制微图案分辨率。该研究为设计新型无模板印刷设备及利用溶液法制备高分辨微图案提供了一个新的思路。

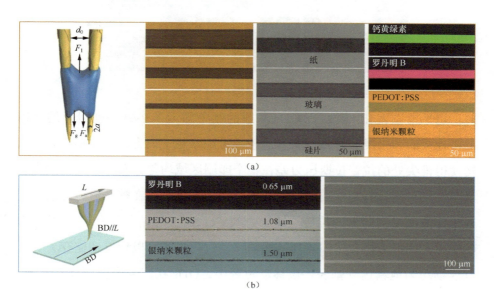

图 13　并列三锥形纤维直写单元可控输运液体制备图案化表面

仿生限域液体操控及图案化

2. 零维纳米粒子——面向高性能量子点发光二极管（QLED）

QLED 具有稳定的性能和高效的发光效率，被誉为未来最具潜力的 LED 显示技术之一。作为一种典型的叠层薄膜器件，其核心发光层量子点（QDs）通常通过溶液法制备。对于高性能 QLED 器件，制备均匀、平滑的 QDs 薄膜对于平衡器件中膜层间的电荷至关重要。然而，咖啡环效应常常导致 QDs 溶液的不均匀沉积。现有工艺很难在微纳米尺度精确调控液体，导致 QDs 薄膜的均匀性和平滑性较差。为此，我们课题组开发了一种多锥并列限域输运 QDs 溶液的新方法，制备了超平滑图案化/大面积 QDs 薄膜，并构筑了一系列高性能 QLED 器件，如图 14 所示。

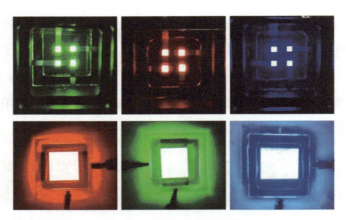

图 14　高性能 QLED 器件

超平滑图案化/大面积 QDs 薄膜的制备归因于多锥并列引导的液体的可控浸润和去浸润行为[18-19]。对于零维纳米粒子而言，这种多锥并列结构使得锥尖处的拉普拉斯压力差在整个印刷区域均匀分布，可大范围克服马兰戈尼对流，有利于纳米粒子的大面积均匀沉积。在整个液体的输运过程中，溶液受到向上的拉普拉斯压力差 F_L、向下的黏滞阻力 F_a 以及重力 G 作用，使得液体在多锥并列结构的移动过程中既可以稳定地储存，又可以连续均匀地输运到基底。该移动过程中，QDs 在溶液中保持动态平衡，没有发生聚集，从而有利于 QDs 的均匀沉积。基于此，我们课题组直写制备了粗糙度仅为约 1 nm 的超平滑图案化 QDs 薄膜，进一步构筑了高性能的绿色、红色和蓝色 QLED 器件，器件电流效率峰值分别为 72.38 cd/A、26.03 cd/A 和 4.26 cd/A，外部量子效率峰值分别为 17.40%、18.96% 和 6.20%。这种多锥并列直写图案化 QDs 薄膜的优势还在于可实现大面积均匀流场。随着薄膜面积增大，薄膜表面粗糙度依然可以维持在非常小（小于 2 nm）的范围内。基于此，我们课题组构筑了大面积的红色、绿色、蓝色 QLED 器件，有效发光尺寸在 2 cm × 2 cm，外部量子效率峰值分别为 20.49%（红）、13.72%（绿）和 7.57%（蓝），器件电流效率峰值分别为 28.6 cd/A（红）、57.6 cd/A（绿）和 5.73 cd/A（蓝）。

3. 一维纳米线——面向高性能柔性透明电极

柔性透明电极，特别是基于银纳米线（AgNWs）的柔性透明电极，被广泛应用于各种可穿戴和可折叠的电子器件中。溶液法因其实验条件温和、可大面积制备的优势被广泛用于制备柔性透明电极。但现有方法缺乏有效的手段精确调控液膜在微米尺度上的浸润 / 去浸润过程，会导致银纳米线的随机分布和聚集。此外，银纳米线薄膜的均匀性还会随薄膜面积的增加而急剧下降。因此，精确地控制银纳米线溶液的输运及在微米尺度上的堆积模式至关重要。

锥形纤维阵列诱导的溶液法可以对溶液在基底的浸润 / 去浸润行为进行精确调控，是一种简单、成本低，可大面积制备取向结构薄膜的方法。其中，锥形纤维阵列诱导产生的拉普拉斯压力差能使液体可控、持续地输运到基底上，从而避免了不可控的液体泄露；锥形纤维阵列结构能对三相线进行限域调控，使其呈准直线状态，通过改变纤维阵列在基底的剪切速度，就能实现精确调控三相线的单向移动，从而诱导一维纳米线在成膜过程中可控限域组装。利用锥形纤维阵列诱导的溶液法，在柔性基底上对银纳米线进行定向排列就能制备得到柔性透明电极 [见图 15（ a ）][20]，并且具有显著的各向异性导电性 [平行（P）方向和垂直（A）方向的表面电阻率分别为 53.6 Ω/sq 和 76.6 Ω/sq]、优异的透明性（波长为 550 nm 对应的可见光透射比达到了 95.2%）及良好的抗弯曲性能。该方法能实现一步将银纳米线在多个方向上取向。

利用该方法，我们课题组进一步实现了限域组装多层取向结构薄膜，直写制备厘米尺度（5 cm × 5 cm）大面积交叉取向的银纳米线薄膜柔性透明电极 [见图 15（b）]，薄层方块表面电阻率为 21.4 Ω/sq，波长为 550 nm 对应的可见光透射比为 93.8%[21]。与常规定向银纳米线薄膜相比，该薄膜因银纳米线与线之间存在非锚定的接触结而表现出更优异的抗弯曲稳定性，弯曲循环次数超过 1000 次时（弯曲角度为 60°），导电率无明显下降。以该交叉取向银纳米线薄膜柔性透明电极构筑的透明 QLED 的外量子效率为 15.47%，表明该透明 QLED 能保持大面积均匀发光。

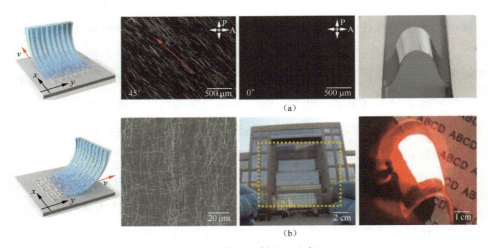

图 15　高性能柔性透明电极

电场响应的液体可控输运

液体操控是实现很多重要工业和生活应用的关键过程。由于液体的动态性和复杂性，发展有效操控液体行为的方法是当前重要的前沿课题。操控液体行为的核心是实现精确调控液膜在基底的铺展、收缩和移动，即三相接触线在基底的移动和锚定。在这方面，具有外场响应性的浸润性表面拥有独特的优势，尤其是电场响应表面具有优异的响应性，这为操控液体行为提供了新思路。

如图16所示，利用电化学方法，一种二元金属协同表面原位可逆调控了液膜在基底上的铺展与收缩，实现了超浸润的原位可逆转化[22]。对于构筑的微纳米复合结构铜电极，当对其施加特定的小电压时，锡原子会逐渐沉积到电极表面，从而有效抑制电极表面氢键网络的形成，因此油滴极易在该表面完全铺展，形成超亲的状态，完成从超疏液到超亲液的转变；当去除电压以后，锡原子逐渐溶解，电极表面恢复成高表面能的铜原子表面，易于形成稳定的氢键网络，此时电极表面不利于油的铺展，油滴在该表面会逐渐收缩，直至完全收缩成球状（超疏液），完成从超亲液到超疏液的转变，实现了超浸润在原位水平的快速可逆转变。该转变在大范围内原位调控了液膜的铺展与收缩，可多次循环，且对极性的／非极性的液体均适用。

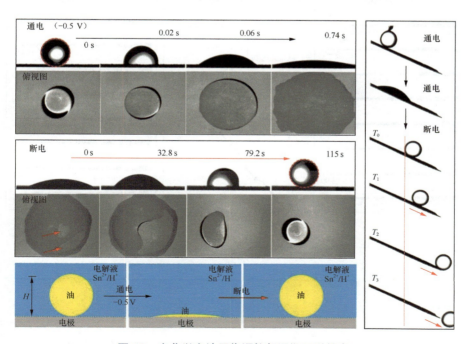

图16　电化学方法原位调控超浸润可逆转变

利用这种电化学方法，可实现液体在锥形纤维表面的可控输运，即在外场驱动下，液体可在锥形纤维表面进行"即停即走"的可控的可逆切换（见图 17）[23]。当施加一个小电压时，锥形纤维表面变成超亲油状态，在拉普拉斯压力差的作用下，蛤壳状的液滴向着锥形纤维底部的位置运动；一旦停止施加电压，锥形纤维表面会立即变成超疏油状态，液滴的前进角急剧变大而后退角基本没有变化，从而使黏滞阻力迅速变大，克服了由结构梯度产生的拉普拉斯压力差，使液滴及时停下。通过加电/断电，改变黏滞阻力，在拉普拉斯压力差的协同作用下，液滴就能在运动/停止之间可逆切换。通过控制断电时间，还可调控液滴输运的距离。该方法可实现对液滴的流水线加工，将液滴可控输运（加电）到指定位置并停止（断电），进行加工后再将成品液滴运走（再加电）。这种电场响应的液体可控输运展现出了多样性，是一类新型操控液体的智能体系。

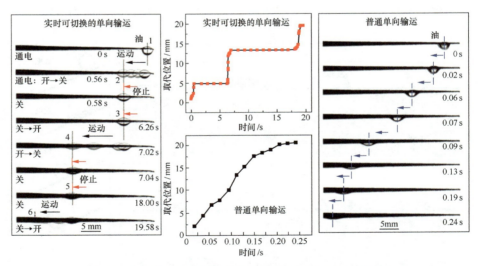

图 17　电化学方法原位调控液滴在锥形纤维上的可控运动

结语

近年来，仿生限域液体操控的相关研究持续推进，在结构设计、理论

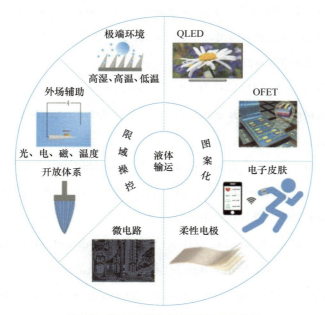

研究和实际应用等方面均取得了重要突破（见图18）。从单根圆锥形纤维诱导产生拉普拉斯压力差驱动液体（油、水和气泡）单向输运，到凹曲面锥形纤维表面的液体超快速单向输运，以及弹性纤维或锥形薄片等开放系统的高效抓取液体；从羽毛羽小支间的不对称梯度空间诱导的液体定向输运及深层结构自清洁，到三维有序锥形空间结构诱导浸润性液体和非浸润性液体定向输运。特别地，通过纤维限域，可实现对液体行为的可控操控，已经能实现直写线宽可调的微米线阵列、超平滑图案化/大面积薄膜、取向结构的纳米线薄膜，在构筑高性能薄膜光电器件[如QLED、柔性电极、有机场效应晶体管（OFET）等]中展现出了巨大潜力。

图 18　仿生限域液体操控的研究进展

　　目前，仿生限域液体操控的研究方向主要集中在以下几个方向：① 结合先进、无损、实时的原位表征技术，揭示自然界具有独特液体操控行为的新纤维结构和新机制；② 拓展到其他流体（如离子液体、氢气或二氧化碳）以及极端条件（如极低温或高温、高湿度等）下的流体操控；③ 通过引入刺激响应（如光、磁、热和电）材料，构筑在线原位液体操控体系，探索多种程序化的液体操控行为。开发新工艺对于大批量制备高质量结构功能纤维也十分重要。仿生结构纤维用于限域操控液体将为多种应用场合提供新思路和新技术。

参考文献

[1] LIU M, WANG S, JIANG L, et al. Nature-inspired superwettability systems[J]. Nature Reviews Materials, 2017, 2(7). DOI: 10.1038/natrevmats.2017.36.

[2] WANG P, BIAN R, MENG Q, et al. Bioinspired dynamic wetting on multiple fibers[J]. Advanced Materials, 2017, 29(45). DOI: 10.1002/adma.201703042.

[3] WANG Q, SU B, LIU H, et al. Chinese brushes: controllable liquid transfer in ratchet conical hairs[J]. Advanced Materials, 2014, 26(28): 4889-4894.

[4] WANG P, ZHOU J, XU B, et al. Bioinspired anti-Plateau-Rayleigh-instability on dual parallel fibers[J]. Advanced Materials, 2020, 32(45). DOI: 10.1002/adma.202003453.

[5] MENG Q A, WANG Q, ZHAO K, et al. Hydroactuated configuration alteration of fibrous dandelion pappi: toward self-controllable transport behavior[J]. Advanced Functional Materials, 2016, 26 (41): 7378-7385.

[6] MENG Q, WANG Q, LIU H, et al. A bio-inspired flexible fiber array with an open radial geometry for highly efficient liquid transfer[J]. NPG Asia Materials, 2014, 6(9). DOI: 10.1038/am.2014.70.

[7] XU B, HE M, TANG Z, et al. Long-term super-amphiphilic shaped-fiber with multi-scale grooved structures: Toward spontaneous self-

cleaning[J]. Advanced Functional Materials, 2021, 31(33). DOI: 10.1002/adfm.202102877.

[8] LUAN K, HE M, XU B, et al. Spontaneous directional self-cleaning on the feathers of the aquatic bird anser cygnoides domesticus induced by a transient superhydrophilicity[J]. Advanced Functional Materials, 2021, 31(26). DOI: 10.1002/adfm.202010634.

[9] WANG Q, YAO X, LIU H, et al. Self-removal of condensed water on the legs of water striders[J]. Proceedings of the National Academy of Sciences, 2015, 112(30): 9247-9252.

[10] TANG Z, WANG P, XU B, et al. Bioinspired robust water repellency in high humidity by micro-meter-scaled conical fibers: toward a long-time underwater aerobic reaction[J]. Journal of the American Chemical Society, 2022, 24(144): 10950-10957.

[11] WANG Q, MENG Q, CHEN M, et al. Bio-inspired multistructured conical copper wires for highly efficient liquid manipulation[J]. ACS Nano, 2014, 8(9): 8757-8764.

[12] XU B, WANG Q, MENG Q A, et al. In-air bubble phobicity and bubble philicity depending on the interfacial air cushion: toward bubbles manipulation using superhydrophilic substrates[J]. Advanced Functional Materials, 2019, 29(20). DOI: 10.1002/adfm.201900487.

[13] HU B, DUAN Z, XU B, et al. Ultrafast self-propelled directional liquid transport on the pyramid-structured fibers with concave curved surfaces[J]. Angewandte Chemie International Edition in English, 2020, 142(13): 6111-6116.

[14] TANG Z, LUAN K, XU B, et al. Unidirectional transport of both wettable and nonwettable liquids on an asymmetrically concave

仿生限域液体操控及图案化

structured surface[J]. Fundamental Research, 2022. DOI: 10.1016/j.fmre.2022.03.022.

[15] WANG Q, MENG Q, WANG P, et al. Bio-inspired direct patterning functional nanothin microlines: controllable liquid transfer[J]. ACS Nano, 2015, 9 (4): 4362-4370.

[16] ZHANG K, HU B, ZHANG M, et al. Direct writing micropatterns with a resolution up to 1 μm[J]. Advanced Functional Materials, 2019, 30(6). DOI: 10.1002/adfm.201907907.

[17] ZHANG M, DENG H, MENG L, et al. Direct writing large-area multi-layer ultrasmooth films by an all-solution process: toward high-performance QLEDs[J]. Angewandte Chemie International Edition, 2021, 60(2): 680-684.

[18] LI X, HU B, ZHANG M, et al. Continuous and controllable liquid transfer guided by a fibrous liquid bridge: toward high-performance QLEDs[J]. Advanced Materials, 2019, 31(51). DOI: 10.1002/adma.201904610.

[19] ZHANG M, HU B, MENG L, et al. Ultrasmooth quantum dot micropatterns by a facile controllable liquid-transfer approach: Low-cost fabrication of high-performance QLED[J]. Journal of the American Chemical Society, 2018, 140(28): 8690-8695.

[20] MENG L, BIAN R, GUO C, et al. Aligning ag nanowires by a facile bioinspired directional liquid transfer: Toward anisotropic flexible conductive electrodes[J]. Advanced Materials, 2018, 30(25). DOI: 10.1002/adma.201706938.

[21] MENG L, ZHANG M, DENG H, et al. Direct-writing large-area cross-aligned ag nanowires network: toward high-performance transparent quantum dot light-emitting diodes[J]. CCS Chemistry,

青年拔尖人才说材料化学（第一辑）

3(8): 2194-2202.

[22]   WANG Q, XU B, HAO Q, et al. In situ reversible underwater superwetting transition by electrochemical atomic alternation[J]. Nature Communications, 2019, 10(1). DOI: 10.1038/s41467-019-09201-1.

[23]   XU B, CHEN X, SHI Z, et al. Electrochemical on-site switching of the directional liquid transport on a conical fiber[J]. Advanced Materials, 2022, 34(24). DOI: 10.1002/adma.202200759.

仿生限域液体操控及图案化

刘欢，北京航空航天大学前沿科学技术创新研究院教授、博士生导师，国家杰出青年基金获得者。长期从事仿生限域液体输运及精准图案化的基础和应用研究，包括限域空间动态浸润的物化机制、液体可控输运及图案化、纳米材料自组装和光电薄膜器件的研制。在 *Nature Materials*、*Nature Communications*、*Journal of the American Chemical Society*、*Advanced Materials*、*Angewandte Chemie International Edition*、*ACS Nano* 等期刊上共发表 SCI 论文 95 篇，SCI 他引 4300 余次。曾获国家优秀青年基金（结题优秀）、中科院院长特别奖、教育部新世纪人才和霍英东青年教师基金。现兼任中国化学会仿生材料化学专业委员会委员、胶体与界面化学专业委员会委员、女化学工作者委员会委员，以及学术期刊 *Nano Research*、《高等学校化学学报》和 *Chemical Journal of Chinese University* 的青年编委，*Chinese Chemical Letters* 编委，Wiley 期刊 *Droplet* 副主编。

仿生轻质高强功能一体化纳米复合材料

北京航空航天大学化学学院

程群峰

开发轻质高强材料是实现飞行器有效减重的关键手段之一，具有重要的科学研究意义和应用价值。目前，航空航天领域装备广泛使用碳纤维复合材料代替金属材料以实现自身的减重。例如，我国某型战斗机碳纤维复合材料用量达到27%，空间站的承力结构、太阳电池阵、天线以及其他一些关键部件也主要采用碳纤维复合材料。相比于碳纤维，石墨烯、碳化钛（$Ti_3C_2T_x$）、MXene 等二维纳米片具有更加优异的力学、导电和导热性能，是构筑新型轻质高强功能一体化纳米复合材料的理想基元材料。那么，如何将这些纳米片组装成高性能纳米复合材料呢？传统的纳米复合材料的制备方法包括熔融共混、溶液混合、机械共混以及原位聚合等，往往存在如下缺点：① 纳米片含量较低、取向性较差；② 纳米片与聚合物基质之间的界面相互作用较弱 [1]。因此，采用传统方法制备的纳米复合材料的力学和电学性能较差，不能充分发挥纳米增强材料的性能优势，在航空航天领域的应用受到极大制约。那么，我们应该如何组装纳米片以获得高性能纳米复合材料呢？

仿生启示

天然鲍鱼壳由无机的 $CaCO_3$ 片层（体积分数为95%）和有机质层（体积分数为5%）紧密堆砌而成 [2]，其结构类似于"砖 - 泥"层状结构（见图1）。$CaCO_3$ 片层的直径为 5 ~ 8 μm，厚度为 0.2 ~ 0.9 μm，由成千上万个相同晶向的纳米晶颗粒通过生物大分子黏接而成，其表面具有一定的纳米凸起；而有机质层的主要成分是生物蛋白质和甲壳素，其与 $CaCO_3$ 片层纳米晶颗粒内的蛋白质可形成连续的有机网络，并通过丰富的氢键、共价键、离子键等界面作用紧密黏接在 $CaCO_3$ 片层表面 [3]。天然鲍鱼壳这种独特强弱作用复合界面不仅可以实现 $CaCO_3$ 片层之间的高效应力传递，保证结构稳定性，而且还可以在扩展裂纹之前优先断裂，进而诱导塑性剪切形变和裂纹偏转。虽然该有机质含量较少，但可以实现协同增韧诱导天然鲍鱼壳的变形和断裂行为。这种协同增韧机制主要包括 $CaCO_3$ 片层之间的矿物桥连、表面纳米凸起的剪切阻力、有机界面层的塑性变形以及 $CaCO_3$ 片层互锁等 [2]，它们可以协同耗散大量断裂能，从而有效地在平行和垂直于 $CaCO_3$ 片层两个方向上抑制裂纹扩展。因此，天然鲍鱼壳的断裂韧性（1.5 kJ/m^3）是纯 $CaCO_3$ 片层（0.5 J/m^3）的 3000 倍左右，远超传统复合材料"混合定律"计算值 [2]。天然鲍鱼壳这种独特的界面结构和力学性能之间的构效关系，为新型高性能纳米复合材料的制备提供了以下启示：① 有机 - 无机丰富的界面作用；② 无机纳米片高度取向排列；③ 无机纳米片密实堆积。

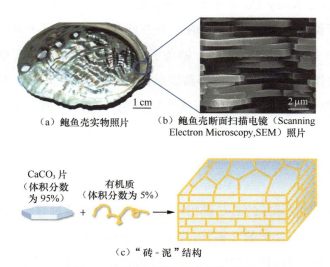

（a）鲍鱼壳实物照片　　（b）鲍鱼壳断面扫描电镜（Scanning Electron Microscopy,SEM）照片

$CaCO_3$ 片（体积分数为 95%）　有机质（体积分数为 5%）

（c）"砖 - 泥"结构

图 1　天然鲍鱼壳的组成和微观结构

研究思路

我们课题组的策略是向自然学习。在过去十余年间，我们课题组主要围绕石墨烯和 $Ti_3C_2T_x$ 等二维纳米片组装过程中存在的界面作用弱、取向差和孔隙缺陷 3 个关键科学问题开展研究，受天然鲍鱼壳有序层状结构、丰富界面作用与优异力学性能的构效关系启发，构筑了一系列仿生轻质高强

功能一体化纳米复合材料。首先，通过在纳米片层间构筑各种单一界面和复合界面作用，大幅提升了应力传递效率，制备了强韧一体化高导电石墨烯和 $Ti_3C_2T_x$ 复合薄膜，并揭示了不同强弱界面协同强韧机制；其次，发展了有序界面化学交联固定拉伸诱导取向策略，在增强石墨烯纳米片层间界面作用的同时，提升了石墨烯纳米片的规整取向度和堆积密实度，制备了高强度、高导电石墨烯复合薄膜，其力学性能优于目前商用碳纤维复合材料，有望用作飞行器蒙皮材料；最后，采用聚焦离子束扫描电镜（Focused Ion Beam-Scanning Electron Microscope，FIB-SEM）和纳米 X 射线断层扫描技术（Nanoscale X-ray Computed Tomography，Nano-CT），发现了纳米复合薄膜内部长期被忽视的孔隙缺陷，并在此基础上开发了有序界面化学交联和小片填充诱导致密化策略，制备了高强度抗氧化 $Ti_3C_2T_x$ 电磁屏蔽薄膜，有望用作各类电子器件的屏蔽涂层材料。这些研究工作为将来石墨烯和 $Ti_3C_2T_x$ 等二维纳米材料在飞行器上的应用探索奠定了理论基础。

界面构筑策略

由于石墨烯纳米片的 C-C 键相对稳定，不易进行界面修饰，因此，我们课题组主要选用石墨烯的含氧衍生物氧化石墨烯（Graphene Oxide，GO）作为前驱体，通过界面修饰和还原制备仿生高性能石墨烯复合薄膜材料。我们课题组在 GO 纳米片层间不仅引入了氢键、离子键、π-π 堆积作用和共价键等单一界面作用，而且将不同界面作用和不同基元材料相结合构筑了复合界面[4]。相比于石墨烯，MXene 纳米片表面含有很多极性官能团，如氟（-F）、环氧（=O）和羟基（-OH），易于形成氢键、离子键和共价键等界面相互作用。

1. 单一界面作用

图 2 所示为单一界面交联石墨烯复合薄膜的结构。我们课题组将聚丙烯酸（Polyacrylic Acid，PAA）引入 GO 纳米片层间，通过 PAA 分子链

上的羧基与 GO 纳米片表面的含氧官能团之间形成氢键界面相互作用，制备了强韧一体化的还原氧化石墨烯 -PAA（rGO-PAA）复合薄膜 [见图 2（a）][5]。此外，我们课题组还系统研究了水含量对 rGO-PAA 复合薄膜力学性能的影响规律。研究结果显示，随着相对湿度的增加，rGO-PAA 复合薄膜的抗拉强度和弹性模量减小，而其断裂延伸率却增大，这主要是过量的水分子形成了 H_2O-PAA、H_2O-rGO 和 H_2O-H_2O 三种相对较弱的氢键，从而促进了相邻 rGO 片层的滑移。

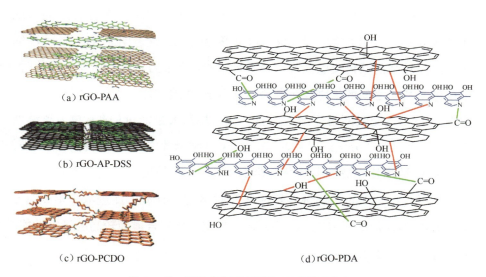

（a）rGO-PAA

（b）rGO-AP-DSS

（c）rGO-PCDO

（d）rGO-PDA

图 2　单一界面交联石墨烯复合薄膜的结构

除了氢键，我们课题组也将各种金属离子（如 Cu^{2+}、Zn^{2+}、Ni^{2+}、Mn^{2+}、Ca^{2+}、Cd^{2+}、Cr^{3+} 等）引入石墨烯和 MXene 纳米片层间，通过离子键大幅提升了石墨烯和 MXene 复合薄膜的力学性能[4]。rGO 纳米片表面的共轭结构部分恢复，有利于形成 π-π 堆积作用，因此，我们课题组设计了一种两端带有芘基的有机小分子 N, N' - 二芘基辛二酰胺（N, N'-dipyrene octanediamide，AP-DSS），并将其引入 rGO 纳米片层间，通过芘基与 rGO 纳米片之间的 π-π 堆积作用，制备了强韧一体化高导电 rGO-AP-DSS 复合薄膜[6][见图 2（b）]。这种 π-π 堆积作用不仅可以增强 rGO 纳米片层间的应力传递效率，而且可以促进 rGO 纳米片层间的电子传递。因此，相比于纯 rGO 薄膜，rGO-AP-DSS 复合薄膜具有更高的抗拉强度和电导率。

相比于上述非共价键，共价键是一种更强的界面相互作用，有利于大幅提升石墨烯复合薄膜的力学性能。例如，我们课题组利用一种长链分子 10,12-二十五碳二炔-1-醇（10,12-Pentacosadiyn-1-ol，PCDO）交联 GO 纳米片，成功制备了超韧的 rGO-PCDO 复合薄膜 [见图 2(c)][7]。相比于纯 rGO 薄膜，rGO-PCDO 复合薄膜不仅抗拉强度（受断裂前的最大应力值）提升了 17%[见图 3(a)]，而且韧性提升了 162%。此外，其拉伸断面呈现明显的 rGO 纳米片层被拉出和卷曲 [见图 3(b)]，这表明 PCDO 与 rGO 纳米片之间较强的共价交联断裂。其拉伸过程如下：当材料开始受力拉伸时，rGO 纳米片层之间的氢键发生断裂，相邻 rGO 纳米片发生相对滑移，同时卷曲的 PCDO 交联网络逐渐被拉直，从而耗散大量能量；随着拉力继续增大，拉直的 PCDO 分子链以及 PCDO 与 rGO 纳米片之间的共价键发生断裂，导致 rGO 纳米片层被拉出并发生卷曲，进一步耗散能量，同时提升抗拉强度。此外，PCDO 的二炔键共轭网络交联结构，有利于促进电子沿 z 轴方向在 rGO 纳米片层间传递，从而赋予 rGO-PCDO 复合薄膜较高的导电性能，其电导率高达 232.29 S/cm。

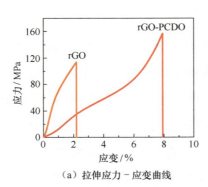

（a）拉伸应力－应变曲线

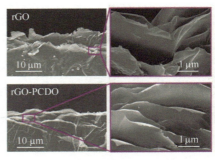

（b）断面俯视 SEM 照片

图 3　rGO 和 rGO-PCDO 薄膜的力学性能和断面形貌[7]

由于 PCDO 分子和 GO 纳米片之间的共价交联密度较低，因此，rGO-

PCDO 复合薄膜抗拉强度的提升相对有限。为此，我们课题组进一步选用聚多巴胺（Polydopamine，PDA）作为共价交联剂，将其引入 GO 纳米片层间，制备了高强高韧的 rGO-PDA 复合薄膜 [见图 2(d)][8]。通过调控 PDA 的含量可以优化 rGO-PDA 复合薄膜的力学性能，当 PDA 质量分数为 4.6% 时，rGO-PDA 复合薄膜的力学性能最佳，这与天然鲍鱼壳中有机质含量相当，体现了仿生设计的优越性。rGO-PDA 复合薄膜的最大抗拉强度为 204.9 MPa，最大韧性为 4.0 MJ/m^3。相比于 rGO-PCDO，rGO-PDA 复合薄膜的高强度是由 PDA 分子链与 GO 纳米片之间更密集的共价交联作用引起的；而其高韧性同样是卷曲的 PDA 分子链在拉伸过程中不断被拉直，耗散大量能量所致。

2. 复合界面作用

为了进一步提升复合薄膜的力学性能，我们课题组将强、弱界面作用和不同维度、尺寸的基元材料合理搭配，实现了复合界面作用，从而诱导协同强韧效应，如图 4 所示 [4]。例如，我们课题组将羟丙基纤维素（Hydroxypropyl Cellulose，HPC）和 Cu^{2+} 有序引入 GO 纳米片层间，制备了氢键和离子键协同交联的 rGO-HPC-Cu^{2+} 复合薄膜 [见图 4(a)][9]；相比于氢键交联的 rGO-HPC 复合薄膜和离子键交联的 rGO-Cu^{2+} 复合薄膜，rGO-HPC-Cu^{2+} 复合薄膜具有更高的抗拉强度和韧性，证明了氢键和离子键的协同强韧作用。

此外，我们课题组在 MXene 纳米片层间也构筑了氢键和离子键界面协同作用，制备了高强度抗氧化 MXene（MXene-SA-Ca^{2+}）复合薄膜 [10] [见图 4(b)]。其中，氢键和离子键的交联剂分别为海藻酸钠（Sodium Alginate，SA）和 Ca^{2+}，通过改变 SA 和 Ca^{2+} 的含量，可以调控氢键和离子键的相对比例，从而优化其协同强韧作用。MXene-SA-Ca^{2+} 复合薄膜的最优抗拉强度为 436 MPa、韧性为 8.39 MJ/m^3、弹性模量为 14.0 GPa，分别是氢键交联 MXene-SA 复合薄膜相应性能的 1.8 倍、1.5 倍和 1.2 倍，

仿生轻质高强功能一体化纳米复合材料

离子键交联 MXene-Ca²⁺ 复合薄膜相应性能的 2.7 倍、3.2 倍和 1.2 倍，纯 MXene 薄膜相应性能的 6.9 倍、13.5 倍和 2.5 倍。

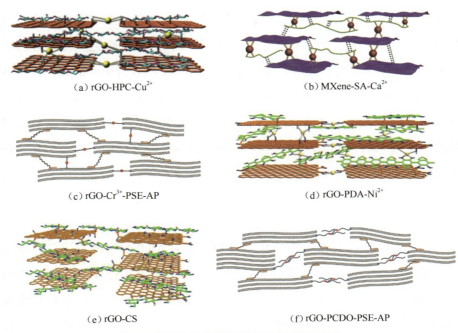

（a）rGO-HPC-Cu²⁺　　　　　　　　（b）MXene-SA-Ca²⁺

（c）rGO-Cr³⁺-PSE-AP　　　　　　　（d）rGO-PDA-Ni²⁺

（e）rGO-CS　　　　　　　　　（f）rGO-PCDO-PSE-AP

图 4　界面协同交联石墨烯复合薄膜的结构

　　进一步，我们课题组使用分子动力学模拟揭示了 MXene-SA-Ca²⁺ 复合薄膜的分子动力学模拟拉伸断裂过程（见图 5）：在受力拉伸时，相邻 MXene 纳米片开始相互滑移；当持续拉伸时，卷曲的 SA 分子链（黄色方形区域）逐渐被拉伸，为 MXene 纳米片的滑移提供了充足的空间，在这一过程中，SA 分子链和 MXene 纳米片之间的氢键不断断裂和重组，从而耗散大量能量；与此同时，一些离子键（黄色椭圆区域）开始发生断裂；当拉力进一步增大时，SA 分子链完全被拉直，离子键和氢键完全断裂，从而导致了高应力传递效率和较高的抗拉强度。由于这种氢键和离子键界面协同作用可以有效保持 MXene 纳米片规整取向结构，因此，MXene-SA-Ca²⁺ 复合薄膜具有优异的导电性能和电磁屏蔽效能，其电导率为 2988 S/cm，2.8

μm 厚的薄膜对 0.3 ～ 18 GHz 电磁波的平均电磁屏蔽效能为 46.2 dB。此外，相比于单一界面交联的 MXene-SA 和 MXene-Ca²⁺ 复合薄膜，MXene-SA-Ca²⁺ 复合薄膜还具有更优异的抗疲劳、抗氧化和抗超声破坏性能。

除了氢键，π-π 堆积作用也可以与离子键结合诱导协同效应。我们课题组通过在 GO 纳米片层间有序引入 Cr³⁺ 和 N- 芘基芘丁酰胺（PSE-AP），成功实现了离子键和 π-π 堆积界面协同作用，并制备了超强韧、高导电、可弯折的 rGO-Cr³⁺-PSE-AP 复合薄膜 [见图 4(c)][11]，其抗拉强度（821.2 MPa）和韧性（20.2 MJ/m³）远优于相应单一离子键和 π-π 堆积作用交联的石墨烯复合薄膜。同时，离子键和 π-π 堆积作用有序交联可以大幅提升 rGO 纳米片的取向度，因此，rGO-Cr³⁺-PSE-AP 复合薄膜的电导率（415.8 S/cm）和电磁屏蔽效能（20 dB）优于纯 rGO 薄膜。另外，rGO-Cr³⁺-PSE-AP 复合薄膜还具有优异的抗疲劳性能，其在循环拉伸、360º 折叠以及在各种腐蚀性溶液中长期浸泡下具有突出的稳定性。

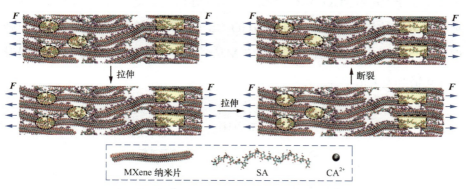

图 5　MXene–SA–Ca²⁺ 复合薄膜的分子动力学模拟拉伸断裂过程 [11]

相比于氢键和 π-π 堆积作用，共价键通常可以与离子键诱导产生更强的协同效应。我们课题组通过在 GO 纳米片层间引入 PDA-Ni²⁺ 螯合结构，成功实现了共价键和离子键界面协同作用，并制备了超抗疲劳的 rGO-PDA-Ni²⁺ 复合薄膜 [见图 4(d)][12]，其抗拉强度、韧性和抗疲劳性能优于相应单一离子键和共价键交联的石墨烯复合薄膜。由于具有突出的裂纹抑制能力，rGO-PDA-Ni²⁺复合薄膜在循环拉伸时具有稳定的导电性能。例如，在 290 MPa 的应力下循环拉伸 1.0×10^5 次之后，其电导率仍高达 144.5 S/cm。

上述界面协同作用一般只能通过两种交联剂实现，相比之下，氢键和共价键界面协同作用可以通过一种交联剂实现。我们课题组发现在 GO 纳米片层间引入少量的壳聚糖（Chitosan，CS），然后利用真空抽滤法和氢碘酸还原，可以一步直接制备氢键和共价键协同交联的 rGO-CS 复合薄膜[见图 4（e）][13]。这种氢键和共价键界面协同作用与 CS 含量紧密相关（见图 6），当 CS 含量较低（质量分数为 5.6%）时，抽滤过程引入的额外压力会使 CS 分子链在 GO 纳米片表面充分展开而暴露其氨基反应位点，进而与 GO 纳米片表面的羧基发生酰胺化反应；而当 CS 含量较高时，CS 分子链之间存在较强的静电斥力，使其仍然保持高度卷曲形态，从而不能与 GO 纳米片发生酰胺化反应。因此，当 CS 含量较低时，rGO-CS 复合薄膜中 CS 分子链和 rGO 纳米片之间存在氢键和共价键界面协同作用。这种独特的界面协同效应大幅提升了 rGO-CS 复合薄膜的力学性能，其抗拉强度高达 526.7 MPa、韧性高达 17.7 MJ/m³，相比于纯 rGO 薄膜分别提升了 1.6 倍和 6.1 倍。

青年拔尖人才说材料化学（第一辑）

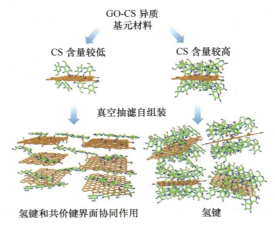

图 6　不同 CS 含量的 rGO–CS 复合薄膜的界面结构

为了大幅度提升石墨烯复合薄膜的力学和导电性能，我们课题组通过在 GO 纳米片层间有序引入含共轭网络结构的 PCDO 和两端带芘基的 N-芘基芘丁酰胺（N-pyrene Pyrenebutylamide，PSE-AP），成功实现了共价键和 π-π 堆积作用，并制备了超强韧、高导电的 rGO-PCDO-PSE-AP 复合薄膜［见图 4（f）］[14]，其抗拉强度（944.5 MPa）与准各向同性的商用碳纤维复合材料相当，而韧性（20.6 MJ/m³）远超后者。此外，由于该共价键和 π-π 堆积界面协同作用大幅提升了 rGO 纳米片的取向度，同时 PCDO 的二炔键共轭网络交联结构促进了 rGO 纳米片层间的电子传递，因此 rGO-PCDO-PSE-AP 复合薄膜的电导率（512.3 S/cm）和电磁屏蔽效能（27 dB）优于纯 rGO 薄膜。

在拉伸过程中，我们课题组采用原位拉曼测试，从分子尺度上揭示了共价键和 π-π 堆积作用的协同强韧机制。图 7 所示为 rGO、rGO-PCDO、rGO-PSE-AP 和 rGO-PCDO-PSE-AP 薄膜的 G 峰位移下移量与应变之间的关系以及不同应变下 20 μm×20 μm 区域的 G 峰位移分布，可以表征不同石墨烯薄膜中的应力传递效率。rGO 薄膜和 rGO-PCDO 复合薄膜均具有一段平台（称作拉曼位移平台）区，在该平台区内，G 峰的位置与宏观应变无关。其中，rGO 薄膜的平台区应变为 0.4% ～ 2.5%，而 rGO-PCDO 复合薄膜的平台区应变为 0.6% ～ 5%。当 rGO 薄膜到达平台应变上限时会发生明显的断裂，而 rGO-PCDO 复合薄膜超过平台区应变上限时仍可以继续拉伸，直至应变为 5.8% 时才断裂。这些结果表明，尽管聚 PCDO 分子链可以大幅提升石墨烯薄膜的断裂延伸率，但是其在拉曼位移平台区仍不能在石墨烯层间实现高的应力传递效率。相比之下，rGO-PSE-AP 和 rGO-PCDO-PSE-AP 复合薄膜不存在拉曼位移平台区，并且其 G 峰位移随应变具有更大的变化率，这说明 rGO-PSE-AP 和 rGO-PCDO-PSE-AP 复合薄膜具有更高的应力传递效率。

在界面交联的基础上，我们课题组进一步引入各种功能基元材料，如一维的纳米纤维素 [15]（Nanofibrillar Cellulose，NFC）和双壁碳纳米管[16]（Double-walled Carbon Nanotube，DWNT）以及二维的纳米蒙脱土（Montmorillonite，MMT）[17]、二硫化钼（Molybdenum Disulfide，MoS$_2$）[18]和二硫化钨（Tungsten Disulfide，WS$_2$）[19]，在诱导协同强韧效应的同时也赋予材料多功能特性。例如，我们课题组通过导电 DWNT 和 PCDO 共价键之间的协同强韧效应，制备了高强韧、高导电的 rGO-DWNT-PCDO 复合薄膜 [见图 8(a)][16]，其抗拉强度为 374.1 MPa、韧性为 9.2 MJ/m^3，分别是相应 rGO-PCDO 复合薄膜的 1.6 倍和 2.3 倍，GO-DWNT 复合薄膜的 1.6 倍和 3.1 倍以及纯 rGO 薄膜的 2.6 倍和 3.3 倍。DWNT 和 PCDO 分子链共轭骨架有助于相邻 rGO 纳米片之间的电子传输，导致 rGO-DWNT-PCDO 复合薄膜的电导率为 394.0 S/cm，是相应纯 rGO 薄膜（228.3 S/cm）的 1.7 倍。

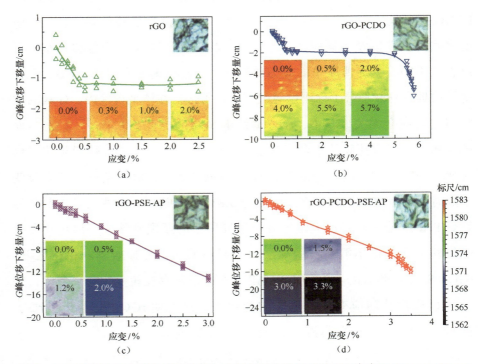

图 7 石墨烯薄膜的 G 峰位移下移量与应变之间的关系以及不同应变下 20 μm × 20 μm 区域的 G 峰位移分布

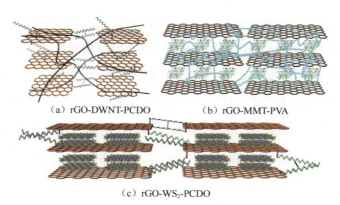

（a）rGO-DWNT-PCDO　　　　（b）rGO-MMT-PVA

（c）rGO-WS₂-PCDO

图 8　基元材料协同强韧复合薄膜的结构

将隔热 MMT 和聚乙烯醇（Poly Vinyl Alcohol，PVA）引入 GO 纳米片层间，通过 MMT、PVA 与 GO 纳米片间的氢键和共价键协同强韧效应，我们课题组制备了具有防火特性的强韧一体化 rGO-MMT-PVA 复合薄膜 [见图 8（b ）][17]，其抗拉强度和韧性分别为 356.0 MPa 和 7.5 MJ/m³，是相应 rGO-PVA 复合薄膜的 1.3 倍和 1.47 倍以及纯 rGO 薄膜的 2 倍和 2.27 倍。如图 9 所示，在 rGO-MMT-PVA 复合薄膜的保护下，易燃的蚕茧加热 5 min 不被点燃；而将蚕茧直接放置在火焰上加热，马上被点燃，这表明 rGO-MMT-PVA 复合薄膜具有优异的隔热防火性能。

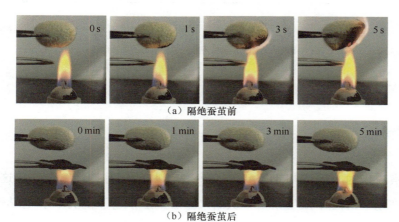

（a）隔绝蚕茧前

（b）隔绝蚕茧后

图 9　rGO-MMT-PVA 复合薄膜隔绝蚕茧前后加热点燃过程

通过具有润滑特性的 WS₂ 纳米片和 PCDO 共价键诱导的协同强韧效应，

我们课题组制备了抗疲劳的 rGO-WS$_2$-PCDO 复合薄膜 [见图 8(c)][19]。分子动力学模拟结果表明，其拉伸断裂过程中的多裂纹抑制机制包括 WS$_2$ 纳米片润滑作用诱导的裂纹偏转以及 PCDO 和 rGO 纳米片之间的共价键桥连 [见图 10(a)]。这种独特的协同裂纹抑制机制不仅提高了 rGO-WS$_2$-PCDO 复合薄膜的抗拉强度和韧性，而且大幅提升了其动态抗疲劳性能 [见图 10(b)]。

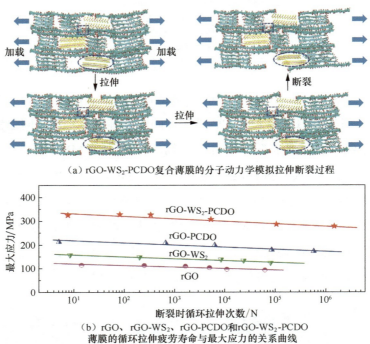

（a）rGO-WS$_2$-PCDO复合薄膜的分子动力学模拟拉伸断裂过程

（b）rGO、rGO-WS$_2$、rGO-PCDO和rGO-WS$_2$-PCDO薄膜的循环拉伸疲劳寿命与最大应力的关系曲线

图 10　rGO–WS$_2$–PCDO 复合薄膜的断裂机理和抗疲劳性能 [19]

取向策略

褶皱作为石墨烯和 MXene 等二维纳米片的固有特性，会导致这些纳米片在组装过程中发生错位，从而严重影响宏观薄膜的力学和电学性能。因此，除了在纳米片层间设计丰富的界面相互作用，消除纳米片的褶皱并改善其规整取向对于制备高性能纳米复合薄膜也至关重要 [20]。

1. 外力诱导取向

我们课题组开发了外力牵引下有序界面交联的新型构筑策略，通过界面交联原位固定外力牵引诱导取向结构，大幅提升了 rGO 纳米片的取向度，获得了高强度、高导电石墨烯复合薄膜[21]。在该工作中，我们课题组首先使用聚焦离子束（Focused Ion Beam，FIB）切割 rGO 薄膜，发现其内部呈现多孔、褶皱结构 [见图 11(a)]，这可能是目前文献报道石墨烯薄膜性能较低的根本原因之一。其次，我们课题组发现虽然单纯的外力牵引可以在一定程度上减弱 rGO 纳米片的褶皱，提升其规整取向度，但是当外力卸载时，该诱导取向结构会发生部分回弹，从而在一定程度上降低取向度。相比之下，外力牵引下有序界面交联可以原位固定该取向结构，从而能大幅提升石墨烯薄膜的取向度和密实度。如图 11(b) 所示，制得的取向、交联的石墨烯复合薄膜（Sequentially Bridged, Biaxially Stretched rGO，SB-BS-rGO）内的 rGO 纳米片排列规整、堆积密实。

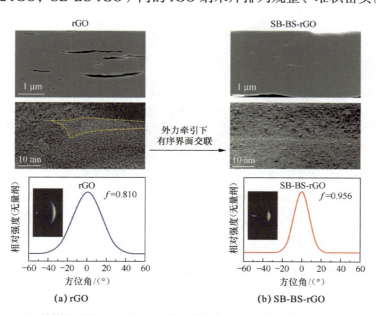

(a) rGO　　　　　　　　　　(b) SB-BS-rGO

图 11　不同石墨烯薄膜的断面 SEM 和透射电镜（Transmission Electron Microscopy，TEM ）照片以及广角 X 射线衍射（Wide-Angle X-ray Scattering，WAXS）图案和相应的 002 峰方位角扫描曲线（从上到下）[21]

仿生轻质高强功能一体化纳米复合材料

　　由于较高的 rGO 纳米片取向度、堆积密实度以及较强的层间界面作用，SB-BS-rGO 复合薄膜相比于 rGO 薄膜具有更高的力学和电学性能 [见图 12（a）、（b）]，其抗拉强度高达 1.55 GPa、弹性模量为 64.5 GPa、韧性为 35.9 MJ/m³、电导率为 1394 S/cm、电磁屏蔽效能为 39.0 dB，分别为 rGO 薄膜的 3.6 倍、10.6 倍、3.3 倍、1.5 倍和 1.5 倍。在弹性模量相当的情况下，SB-BS-rGO 复合薄膜的抗拉强度和韧性远超商用碳纤维织物复合材料 [见图 12（c）]；此外，相比于碳纤维，SB-BS-rGO 复合薄膜的制备成本较低，且原料（石墨）廉价易得，将来有望代替商用碳纤维复合材料用于汽车和飞行器。

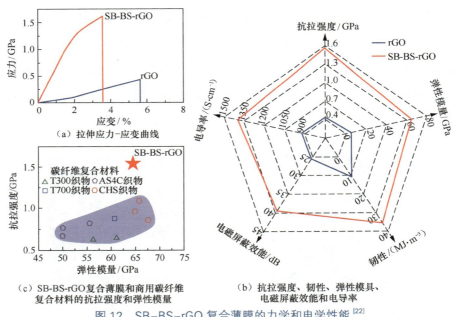

（a）拉伸应力-应变曲线

（c）SB-BS-rGO 复合薄膜和商用碳纤维
复合材料的抗拉强度和弹性模量

（b）抗拉强度、韧性、弹性模具、
电磁屏蔽效能和电导率

图 12　SB-BS-rGO 复合薄膜的力学和电学性能[22]

　　通过改变外力的大小，可以调节 SB-BS-rGO 复合薄膜的取向度，进而优化其性能。实验结果表明，随着取向度的增加，SB-BS-rGO 复合薄膜的抗拉强度、弹性模量和密度逐渐提升，而韧性降低，这与理论模拟预测结果相一致。拉伸过程中原位拉曼测试结果表明，在受力拉伸时，SB-BS-rGO 复合薄膜相比于 rGO 薄膜具有更高的应力传递效率。此外，由于密实结构限制了 rGO 纳米片的面外变形，故 SB-BS-rGO 复合薄膜相比于

rGO薄膜具有更低的负热膨胀系数。这种高取向密实结构和较强的界面作用也赋予SB-BS-rGO复合薄膜更强的抗应力松弛能力，以及更小的取向度（相对弹性应变的变化率）。

更重要的是，我们课题组使用刮涂法代替真空抽滤法，结合新型构筑策略，制备了大面积高性能石墨烯复合薄膜，其性能相比于真空抽滤法制备的小尺寸较薄的石墨烯复合薄膜并未明显降低（见图13），证明了新型构筑策略的规模化制备能力。此外，我们课题组进一步证实高性能石墨烯复合薄膜使用普通环氧树脂层压和黏接处理后，性能也未见明显降低，这为高性能石墨烯复合薄膜的大规模商业应用提供了一条可行的路径。

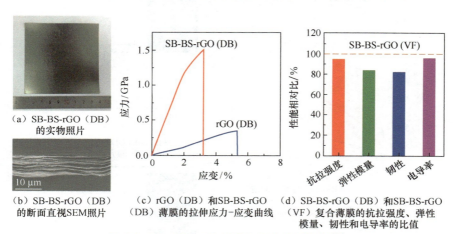

（a）SB-BS-rGO（DB）的实物照片

（b）SB-BS-rGO（DB）的断面直视SEM照片

（c）rGO（DB）和SB-BS-rGO（DB）薄膜的拉伸应力-应变曲线

（d）SB-BS-rGO（DB）和SB-BS-rGO（VF）复合薄膜的抗拉强度、弹性模量、韧性和电导率的比值

图13 SB-BS-rGO（DB）的结构和性能[21]

注：rGO（DB）和SB-BS-rGO（DB）分别表示刮涂法制备的rGO和SB-BS-rGO薄膜，SB-BS-rGO（VF）表示真空抽滤法制备的SB-BS-rGO薄膜。

2. 界面交联诱导取向

除了外力场，有些界面交联作用也可以诱导石墨烯纳米片规整取向。我们课题组首先设计了一种长链共轭分子10,12-二十二碳二炔二酸二芘甲酯［Bis(1-Pyrenemethyl) Docosa-10,12-Diynedioate，BPDD］，然后将其引入rGO纳米片层间，构筑长链π-π堆积作用，从而制备了高强度、高导电rGO-BPDD复合薄膜［见图14（a）］[22]。相比于rGO薄膜，rGO-

BPDD 复合薄膜具有更高的取向度 [见图 14(b)]。鉴于高取向度和强层间界面作用，rGO-BPDD 复合薄膜的抗拉强度 [1054 MPa，见图 14(c)]、韧性（ 36 MJ/m³）和电导率（1192 S/cm）分别是 rGO 薄膜的 2.9 倍、4.6 倍和 1.3 倍。由于其优异的导电性能和规整取向结构，rGO-BPDD 复合薄膜相比于 rGO 薄膜具有更高的电磁屏蔽效能，对 0.3 ～ 18 GHz 范围电磁波的平均电磁屏蔽效能为 36.5 dB[见图 14(d)]。原位拉曼测试和分子动力学模拟结果共同表明，长链 π - π 堆积作用提供了较高的应力传递效率。

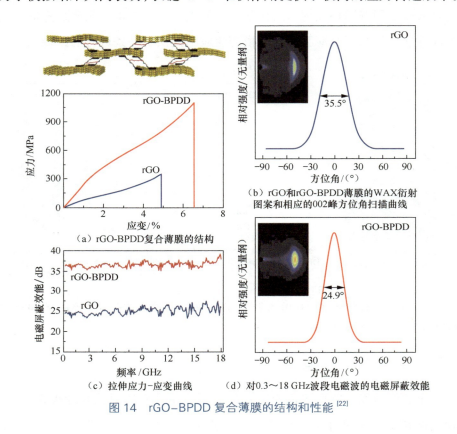

（a）rGO-BPDD复合薄膜的结构

（b）rGO和rGO-BPDD薄膜的WAX衍射图案和相应的002峰方位角扫描曲线

（c）拉伸应力-应变曲线

（d）对0.3～18 GHz波段电磁波的电磁屏蔽效能

图 14　rGO-BPDD 复合薄膜的结构和性能 [22]

致密化策略

石墨烯和 MXene 等纳米片容易产生褶皱不仅干扰其取向排列，在组装过程中也会影响其密实堆积，从而诱导产生孔隙缺陷，降低薄膜的性能。因此，消除孔隙，提升纳米片的堆积密实度对于制备高性能纳米复合薄膜至关重要[23]。

1. 界面交联诱导致密化

我们课题组首先使用 FIB-SEM 和 Nano-CT 系统表征了 MXene 薄膜的三维孔隙结构[24]，发现 MXene 纳米片之间存在大量孔隙[见图 15(a)]，孔隙体积分数大约为 15.4%，这些结果颠覆了高分子纳米复合材料紧密堆积结构的传统认知。进一步，我们课题组通过在 MXene 纳米片层间有序引入羧甲基纤维素钠（Sodium Carboxymethyl Cellulose, CMC）和硼酸根离子（Borate），开发了一种简单而有效的氢键和共价键有序交联致密化策略，制备了高强度、抗氧化 MXene-CMC-Borate 复合薄膜[24]。相比于 MXene 薄膜，MXene-CMC-Borate 复合薄膜具有更少的孔隙和更致密的结构[见图 15(b)]，其孔隙率降至 5.35%，这主要是柔性的 CMC 分子可以填充和黏接 MXene 纳米片之间的大尺寸孔隙，而硼酸根离子可以紧密桥联 MXene 纳米片导致的。

由于致密结构和强界面作用，MXene-CMC-Borate 复合薄膜相比于 MXene 薄膜具有更高的抗拉强度、弹性模量和韧性[见图 16(a)、(b)]，其抗拉强度和韧性分别为 583 MPa 和 15.9 MJ/m³，为当时文献报道 MXene 薄膜材料的最高值。拉伸断裂后，MXene-CMC-Borate 复合薄膜的断面呈明显的卷曲形貌，证实了强的氢键和共价键界面作用。相比于 MXene 薄膜，MXene-CMC-Borate 复合薄膜具有更高的抗疲劳、抗氧化和抗应力松弛性能。此外，MXene-CMC-Borate 复合薄膜具有优异的电导率（6115 S/cm）和电磁屏蔽效能（56.4 dB）；由于密度较小，其比电磁屏蔽效能达到 62 458 dB·cm²/g，高于目前商用的各种金属屏蔽涂层材料[见图 16(c)]。

仿生轻质高强功能一体化纳米复合材料

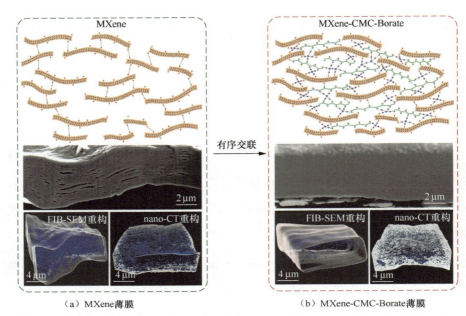

（a）MXene薄膜　　　　　（b）MXene-CMC-Borate薄膜

图 15　不同 MXene 薄膜的结构、FIB 切割断面 SEM 照片、FIB–SEM 和 Nano–CT 三维重构孔隙结构[24]

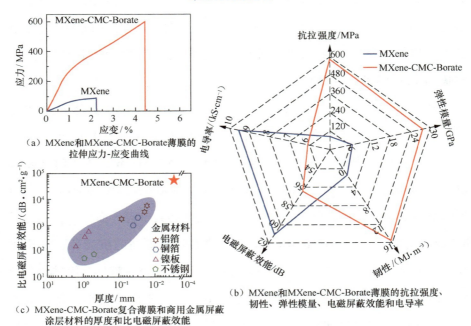

（a）MXene和MXene-CMC-Borate薄膜的拉伸应力-应变曲线

（c）MXene-CMC-Borate复合薄膜和商用金属屏蔽涂层材料的厚度和比电磁屏蔽效能

（b）MXene和MXene-CMC-Borate薄膜的抗拉强度、韧性、弹性模量、电磁屏蔽效能和电导率

图 16　MXene–CMC–Borate 复合薄膜的力学和电学性能[24]

更重要的是，我们课题组采用刮涂法代替真空抽滤法，结合界面交联诱导致密化策略，制备了大面积高性能 MXene-CMC-Borate 复合薄膜，其性能相比于真空抽滤制备的小尺寸 MXene-CMC-Borate 复合薄膜未明显降低，证明了致密化策略较高的规模化制备能力 [见图 17（a）～（d）]。此外，在潮湿空气中保持 10 天后，MXene-CMC-Borate 复合薄膜相比于 MXene 薄膜具有更高的电磁屏蔽效能 [见图 17（e）、（f）]，显示其在可穿戴电子器件方面的巨大应用前景。

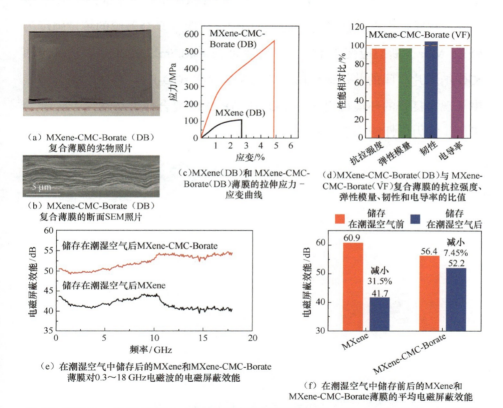

（a）MXene-CMC-Borate（DB）复合薄膜的实物照片

（b）MXene-CMC-Borate（DB）复合薄膜的断面 SEM 照片

（c）MXene（DB）和 MXene-CMC-Borate（DB）薄膜的拉伸应力－应变曲线

（d）MXene-CMC-Borate（DB）与 MXene-CMC-Borate（VF）复合薄膜的抗拉强度、弹性模量、韧性和电导率的比值

（e）在潮湿空气中储存后的 MXene 和 MXene-CMC-Borate 薄膜对0.3～18 GHz 电磁波的电磁屏蔽效能

（f）在潮湿空气中储存前后的 MXene 和 MXene-CMC-Borate 薄膜的平均电磁屏蔽效能

图 17　MXene-CMC-Borate（DB）复合薄膜的性能以及 MXene-CMC-Borate 复合薄膜在潮湿空气中储存后的电磁屏蔽性能 [24]

注：MXene（DB）和 MXene-CMC-Borate（DB）分别表示刮涂法制备的 MXene 和 MXene-CMC-Borate 薄膜，MXene-CMC-Borate（VF）表示真空抽滤法制备的 MXene-CMC-Borate 薄膜。

2. 小片填充诱导致密化

除了界面交联，小尺寸纳米片填充也是降低孔隙率的一个选择。例如，我们课题组将小尺寸（1.2 μm）的黑磷（Black Phosphorus，BP）纳米片引入较大尺寸（15 μm）GO 纳米片层间 [见图 18（a）][25]，黑磷纳米片与GO 纳米片通过 P-O-C 共价键交联，不仅降低了石墨烯薄膜的孔隙率，同时还提高了 rGO 纳米片的规整取向度；此外，我们课题组在 rGO 纳米片层间引入有机小分子 AP-DSS，通过 π-π 堆积作用进一步提高了 rGO 纳米片的规整取向度。制备得到的 rGO-BP-AP-DSS 复合薄膜的抗拉强度为653.5 MPa，断裂应变为 16.7%，韧性为 51.8 MJ/m³。由于黑磷纳米片和rGO 纳米片之间的共价键作用，黑磷纳米片在 rGO-BP-AP-DSS 复合薄膜中表现出良好的环境稳定性。rGO-BP-AP-DSS 复合薄膜在空气中放置 14天后，其力学性能几乎不变。

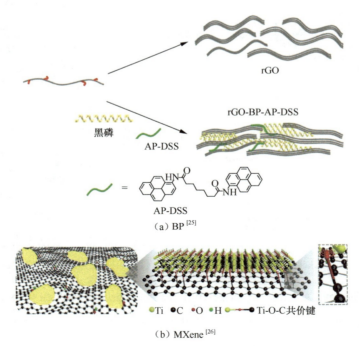

图 18　不同小尺寸纳米片填充大尺寸 GO 纳米片层间孔隙

除了黑磷纳米片，我们课题组也将小尺寸（1.5 μm）MXene 纳米片和 AP-DSS 有序引入较大尺寸（16 μm）GO 纳米片层间［见图 18（b）][26]，通过 Ti-O-C 共价键和 π-π 堆积作用界面协同效应，降低了石墨烯复合薄膜的孔隙率，并提高了其规整取向度，制备得到的密实 rGO-MXene-AP-DSS 复合薄膜的韧性高达 42.7 MJ/m^3，电导率高达 1329.0 S/cm。以 rGO-MXene-AP-DSS 复合薄膜为电极组装的柔性超级电容器表现出优异的电化学储能特性，其体积能量密度为 13.0 mW·h/cm^3；在 0 ～ 180º 下进行 17 000 次弯曲循环后，其容量保持率高达 98%。此外，串联后的柔性超级电容器在平铺、弯曲和扭曲状态下均能使 LED 灯正常工作。这些结果表明该 rGO-MXene-AP-DSS 复合薄膜有望用作柔性电子器件的电极材料。

结语

天然鲍鱼壳启发的界面构筑、规整取向和密实堆积策略是高性能组装石墨烯和 MXene 纳米片的有效方法。虽然在过去十余年间，我们课题组基于石墨烯和 MXene 纳米片，构筑了一系列仿生高性能纳米复合材料，但是这些宏观材料的性能仍然低于单层纳米片的本征性能，严重阻碍了纳米复合材料的实际应用。为此，我们课题组未来将从以下几方面对该领域进行深入研究：① 开发纳米复合材料微观结构无损表征技术，为材料在飞行器上的安全使用提供可靠保障；② 制备兼具环境自适应复杂力学性能和电磁隐身、降噪、伪装等功能一体化的纳米复合材料；③ 发展高性能纳米复合材料的连续化制备技术，为材料大规模应用奠定基础；④ 探索高性能纳米复合材料在无人系统样机蒙皮、电磁屏蔽涂层、发动机热障涂层等领域的应用。

参考文献

[1]　　HUANG C, CHENG Q. Learning from nacre: Constructing polymer

仿生轻质高强功能一体化纳米复合材料

nanocomposites[J]. Composites Science and Technology, 2017(150): 141-166.

[2]　WEGST U G K, BAI H, SAIZ E, et al. Bioinspired structural materials[J]. Nature Materials, 2015, 14(1): 23-36.

[3]　BARTHELAT F, YIN Z, BUEHLER M J. Structure and mechanics of interfaces in biological materials[J]. Nature Reviews Materials, 2016, 1(4). DOI: 10.1038/natrevmats.2016.7.

[4]　WAN S, PENG J, JIANG L, et al. Bioinspired graphene-based nanocomposites and their application in flexible energy devices[J]. Advanced Materials, 2016, 28(36): 7862-7898.

[5]　WAN S, HU H, PENG J, et al. Nacre-inspired integrated strong and tough reduced graphene oxide-poly(acrylic acid) nanocomposites[J]. Nanoscale, 2016, 8(10): 5649-5656.

[6]　NI H, XU F, TOMSIA A P, et al. Robust bioinspired graphene film via π-π cross-linking[J]. ACS Applied Materials & Interfaces, 2017, 9(29): 24987-24992.

[7]　CHENG Q F, WU M, LI M, et al. Ultratough artificial nacre based on conjugated cross-linked graphene oxide[J]. Angewandte Chemie International Edition, 2013, 52(13): 3750-3755.

[8]　CUI W, LI M, LIU J, et al. A strong integrated strength and toughness artificial nacre based on dopamine cross-linked graphene oxide[J]. ACS Nano, 2014, 8(9): 9511-9517.

[9]　ZHANG Q, WAN S, JIANG L, et al. Bioinspired robust nanocomposites of cooper ions and hydroxypropyl cellulose synergistic toughening graphene oxide[J]. Science China Technological Sciences, 2017, 60(5): 758-764.

[10]　WAN S, LI X, WANG Y, et al. Strong sequentially bridged MXene

sheets[J]. Proceedings of the National Academy of Sciences of the United States of America, 2020, 117(44): 27154-27161.

[11]　WAN S, FANG S, JIANG L, et al. Strong, conductive, foldable graphene sheets by sequential ionic and π bridging[J]. Advanced Materials, 2018, 30(36). DOI: 10.1002/adma.201802733.

[12]　WAN S, XU F, JIANG L, et al. Superior fatigue resistant bioinspired graphene-based nanocomposite via synergistic interfacial interactions [J]. Advanced Functional Materials, 2017, 27(10). DOI: 10.1002/adfm. 201605636.

[13]　WAN S, PENG J, LI Y, et al. Use of synergistic interactions to fabricate strong, tough, and conductive artificial nacre based on graphene oxide and chitosan[J]. ACS Nano, 2015, 9(10): 9830-9836.

[14]　WAN S, LI Y, MU J, et al. Sequentially bridged graphene sheets with high strength, toughness, and electrical conductivity[J]. Proceedings of the National Academy of Sciences of the United States of America, 2018, 115(21): 5359-5364.

[15]　DUAN J, GONG S, GAO Y, et al. Bioinspired ternary artificial nacre nanocomposites based on reduced graphene oxide and nanofibrillar cellulose[J]. ACS Applied Materials & Interfaces, 2016, 8(16): 10545-10550.

[16]　GONG S, CUI W, ZHANG Q, et al. Integrated ternary bioinspired nanocomposites via synergistic toughening of reduced graphene oxide and double-walled carbon nanotubes[J]. ACS Nano, 2015, 9(12): 11568-11573.

[17]　MING P, SONG Z, GONG S, et al. Nacre-inspired integrated nanocomposites with fire retardant properties by graphene oxide and montmorillonite[J]. Journal of Materials Chemistry A, 2015,

仿生轻质高强功能一体化纳米复合材料

3(42): 21194-21200.

[18]   WAN S, LI Y, PENG J, et al. Synergistic toughening of graphene oxide-molybdenum disulfide-thermoplastic polyurethane ternary artificial nacre[J]. ACS Nano, 2015, 9(1): 708-714.

[19]   WAN S, ZHANG Q, ZHOU X, et al. Fatigue resistant bioinspired composite from synergistic two-dimensional nanocomponents[J]. ACS Nano, 2017, 11(7): 7074-7083.

[20]   WAN S, JIANG L, CHENG Q. Design principles of highperformance graphene films: Interfaces and alignment[J]. Matter, 2020, 3(3): 696-707.

[21]   WAN S, CHEN Y, FANG S, et al. High-strength scalable graphene sheets by freezing stretch-induced alignment[J]. Nature Materials, 2021, 20(5): 624-631.

[22]   WAN S, CHEN Y, WANG Y, et al. Ultrastrong graphene films via long-chain π-bridging[J]. Matter, 2019, 1(2): 389-401.

[23]   ZHOU T, CHENG Q. Chemical strategies for making strong graphene materials[J]. Angewandte Chemie International Edition, 2021, 60(34): 18397-18410.

[24]   WAN S, LI X, CHEN Y, et al. High-strength scalable MXene films through bridging-induced densification[J]. Science, 2021, 374(6563): 96-99.

[25]   ZHOU T, NI H, WANG Y, et al. Ultratough graphene-black phosphorus films[J]. Proceedings of the National Academy of Sciences of the United States of America, 2020, 117(16): 8727-8735.

[26]   ZHOU T, WU C, WANG Y, et al. Super-tough MXenefunctionalized graphene sheets[J]. Nature Communications, 2020, 11(1). DOI: 10.1038/s 41467-020-15991-6.

程群峰，北京航空航天大学化学学院副院长，教授、博士生导师，国家杰出青年科学基金获得者，"长江学者奖励计划"特聘教授。主要从事纳米复合材料的研究工作，在二维碳纳米复合材料领域取得原创性研究成果，发现了降低二维碳纳米复合材料力学性能的孔隙缺陷问题，提出了降低孔隙率提高力学性能的有序界面化学交联和拉伸诱导取向策略，构筑了一系列轻质高强二维碳纳米复合材料，为二维碳纳米复合材料的应用奠定了理论基础。

获国家杰出青年科学基金、国家优秀青年科学基金、牛顿高级学者基金和北京市杰出青年科学基金等人才项目的资助，获北京市杰出青年中关村奖、茅以升科学技术奖－北京青年科技奖、中国复合材料学会青年科学家奖、中国化学会青年化学奖等荣誉。以通信作者在 *Science*（1 篇）、*Nature Materials*（1 篇）、*Nature Communications*（4 篇）、*Proceedings of the National Academy of Sciences*（4篇）等期刊上发表论文 90 余篇，论文被引用 8000 余次，H 因子 45，授权中国发明专利 25 项。

仿生智能多相复合材料的设计、制备与应用

北京航空航天大学化学学院

刘明杰

在 2022 年北京冬奥会中，美国代表团队员穿着的能够热胀冷缩的智能保温外套引起了人们的广泛关注，也把智能材料带入了更多人的视野。智能材料是 21 世纪材料研究中的热点，在多个领域都有着非常重要的应用价值。例如，在医学领域，智能材料可以用于人工肌肉、药物载体、组织工程；在军事领域，智能材料可以作为吸波材料或阻尼材料应用在飞机、舰艇之上；在日常生活中，智能材料同样是电子皮肤、智能家居等未来科技产品的基础。我国高度重视新型智能材料的研究，在《国家中长期科学和技术发展规划纲要（2006—2020 年）》中明确提出要将"智能材料与结构技术"列为新材料技术中的首要发展方向。我们课题组从智能材料的实际需求出发，通过仿生技术和多相结构设计对智能材料进行了深入的研究。

仿生智能多相复合材料的概念

随着材料科学的不断发展，结构简单、功能单一的材料已经无法满足生产和科学技术研究的需要。在需求的引导下，如何设计、制备具有优异性能和功能的新材料成为材料学研究的挑战。1989 年，日本高木俊宜教授将信息学原理融入材料的结构和功能特性设计中，提出了智能材料的概念。智能材料具有或部分具有感知、控制、驱动等智能化的功能，以及反馈、自修复、自调节等"生命"特征。为了满足功能上的需要，智能材料通常由多种材料经过复合、组装而构成，并拥有复杂的多相结构。因此，多相结构材料如今已成为一个重要的材料类别，其特点是既能保留各组分的性能优点，又能通过各组分性能的互补与关联获得单一组分材料无法实现的优异综合性能。

在设计智能多相结构材料时，自然界中动物和植物的结构、形态、功能成为了科学研究中的重要灵感来源。在经过数十亿年的进化后，如今的动植物已经具备了规整的多尺度结构，并进化出多种与环境相适应的功能，实现了结构与功能的协调与统一。人体内部组织，如软骨、肌肉等是仿生学研究的热点之一，这些组织是维持人体正常运转的关键。关节软骨在关节活动中起着重要作用，它能够承受力学负荷，并在活动时发挥润滑、能量耗散的功能，保护内部骨骼不受损伤。其功能的实现依赖于胶原蛋白纤维形成的微纳米尺度多级次结构 [见图 1(a)][1]。关节软骨的浅表层（Superficial Layer）与关节腔相连，由平行取向的致密胶原蛋白纤维网络组成，这一结构可以最大限度地承受关节运动时受到的剪切力；中间层（Intermediate Layer）由随机取向的胶原蛋白纤维组成，是维持关节软骨压缩强度的主要部分；深层（Deep Layer）由垂直于关节表面的胶原蛋白纤维阵列组成，这一垂直取向的纤维可以增加关节软骨抵抗压缩的能力。这种多级次结构使得关节软骨能够提供良好的支撑作用和能量耗散作用。另外一个典型的仿生案例是骨骼肌系统。骨骼肌是支撑保护内部器官，控制人体运动的主要组织，同样由纳米尺度到微米尺度的多级次结构组装而成 [见图 1(b)]。骨骼肌在纳米尺度上由肌原纤维构成，肌原纤维通过组装构成肌纤维，单根肌纤维可以被看作一个细胞。多根肌纤维进一步在 $50 \sim 300 \ \mu m$ 的尺度上构成肌束，宏观的肌肉就是由多组肌束形成的。这一结构下的肌肉具有高度的取向性，能够定向完成伸缩运动。除肌肉和软骨外，骨骼、血管、肌腱等生物组织也具有与自身功能高度适应的复杂结构，是仿生材料研究的良好学习对象。

与生物组织相似，多相结构材料的性能同样依赖于内部组分结构和功能上的协调与统一，这对材料加工技术提出了两个要求：一是精确控制的材料微尺度结构，能够从分子、原子尺度调控材料的结构，并组装为复杂的物质和器件；二是深入研究稳定多相物质复合形成的复杂结构的界面性能。我们课题组从材料的分子设计和界面调控出发，从自然界中寻找灵感，制备了一系列具有复杂功能的智能多相结构材料，并对其功能与应用进行了深度开发。下面将从结构与功能设计以及应用两个方面介绍我们课题组仿生智能多相复合材料的研究成果。

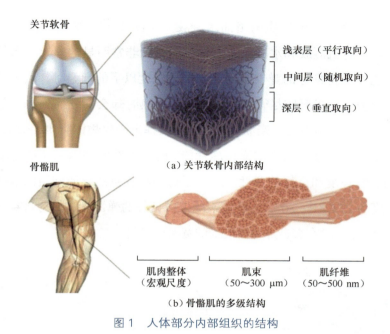

关节软骨

浅表层（平行取向）

中间层（随机取向）

深层（垂直取向）

（a）关节软骨内部结构

骨骼肌

肌肉整体　　　　　肌束　　　　　肌纤维
（宏观尺度）　　（50～300 μm）　（50～500 nm）

（b）骨骼肌的多级结构

图 1　人体部分内部组织的结构

仿生智能多相复合材料的结构与功能设计

1. 异质网络油水凝胶

异质网络水凝胶是由亲水网络和亲油网络互穿（Interpenetrating）所构筑的凝胶，是我们课题组研制的仿生材料中的一个代表。在自然界中，许多动物和植物都生活在高纬度地区，能够抵抗零摄氏度以下的严寒。生物体优异的抗寒性能来源于内部的脂质组分（如细胞膜中的脂类），它们能够抑制细胞内部冰晶的生长，从而在低温下维持力学稳定性。这种动态共存的水 - 脂质二元系统具备很好的互补性，是生物系统维持自身性能的关键。作为一种生物相容性良好的医学材料，水凝胶同样受到低温结冰的困扰，如何在低温状态下保持弹性便成了水凝胶研究领域的一大挑战。我们课题组使用乙醇作为共溶剂，通过浸泡将亲油网络单体（油凝胶前驱体）引入水凝胶之中，再通过一步聚合形成互穿网络，构筑了一种能够在宽温域范围中保持弹性的异质网络油水凝胶（见图2）[2]。受内部不同种类的溶剂影响，有机凝胶和水凝胶的力学性能有着非常明显的差异。水凝胶在室温下能够保持良好的弹性，而遇到零摄氏度以下的低温时会因为结冰而变得硬而脆。有机凝胶尽管结冰点更低，加热时却会变软而失去一部分弹性。当形成互穿网络时，亲油性网络能够发挥出同生物体脂质相似的作用，阻止内部的水结冰，从而增强抗冻性能；而亲水性网络则能够维持凝胶的生物相容性环境和良好的弹性。结合了这两种优点的异质网络油水凝胶能够在温度为 -78 ℃～ 80 ℃的环境下既保持良好的弹性，又保持自身的强度（见图3），是一种有着良好应用前景的宽温域材料。

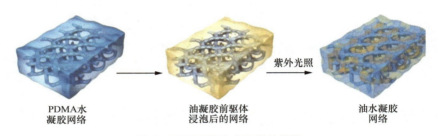

PDMA水　　　　　　油凝胶前驱体　　　　　油水凝胶
凝胶网络　　　　　　浸泡后的网络　　　　　网络

图 2　异质网络油水凝胶的构筑

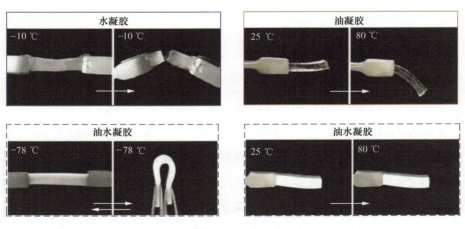

图 3　异质网络油水凝胶的宽温域特性

除抗冻特性外，由于内部存在特性迥异的两种网络，异质网络油水凝胶还具有非常神奇的浸润性转变特性。当将异质网络油水凝胶浸泡在有机溶剂中时，亲油性网络会溶胀而亲水性网络会收缩，此时的异质网络油水凝胶就具备了超疏水的特性。当将异质网络油水凝胶浸泡在水中时，亲水性网络会溶胀而亲油性网络会收缩，异质网络油水凝胶的性质就发生了反转，能够在水下展现出超疏油的特性（见图 4）。由于这一特点的存在，异质网络油水凝胶在油水分离领域有着良好的应用前景。

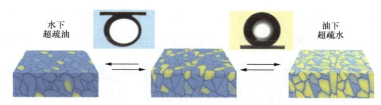

图 4 异质网络油水凝胶的浸润性转变

2. 乳液结构油水凝胶

乳液结构是多相结构的另一个典型代表，它可以将材料中一种或多种互不相溶的溶剂混合形成稳定结构，从而实现多组分力学性能和功能的结合。我们课题组将结晶性的油凝胶网络单体和具有良好延展性的水凝胶网络单体混合并剪切成均匀乳液，随后通过原位聚合法得到乳液结构油水凝胶（见图 5）[3]。

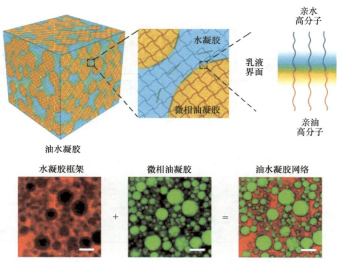

图 5 乳液结构油水凝胶的组成与结构

与传统单相水凝胶相比，乳液结构油水凝胶展现出了良好的形状记忆（Shape Memory）特性。形状记忆指的是材料能够在外部刺激下改变其自身形状并固定，又能在再次经受外部的特定刺激时恢复至原始形状的行为。高分子弹性体的形状记忆特性往往是通过引入玻璃化高分子或结晶高分子实现的。但在单相水凝胶中，凝胶网络所吸收的大量溶剂会削弱高分子之间的相互作用力，减弱高分子的玻璃化及结晶特性，因此单相水凝胶难以得到良好的形状记忆特性。乳液结构的油水凝胶使得油凝胶网络的结晶性和水凝胶网络的延展性都得到了良好的保存，同时异质相乳液结构的界面张力能够极大地增强油水凝胶体系的力学性能和拉伸后的回复性能，因此油水凝胶有着极其优异的机械性能和形状记忆特性（见图 6）。即便在拉伸形变高达 2600% 的情况下，乳液结构油水凝胶仍能够恢复至其原始形状，同时还能拉动 20 倍于其自身质量的负载。亲油性网络与亲水性网络的互相约束，使该凝胶能够同时在有机溶剂和水溶剂中保持稳定的体积，在实际应用也不会受溶胀的干扰。以上优点使乳液结构油水凝胶成为软体机器人、柔性电子设备和生物医学工程应用的理想材料。

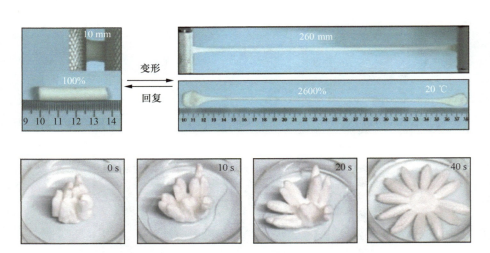

图 6　乳液结构油水凝胶的形状记忆特性

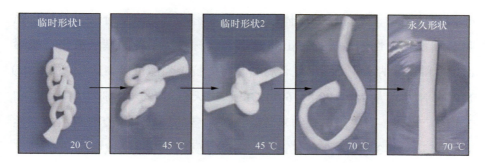

图 6　乳液结构油水凝胶的形状记忆特性（续）

3. 纳米限域复合材料

在对多相结构材料的研究中，我们课题组不仅研究了如何将不同物质构建成均一稳定的复合材料，也研究了界面效应对复合材料的影响。对于生物体内的许多材料，如贝壳、牙齿、骨头等能够同时具有优异的韧性、弹性模量和强度特性这一现象，研究者经过对材料微纳米结构的分析，发现它们都是由高强度无机物分布在有机基质中形成的，并且无机物均具有规整的层状分布结构。受这一现象启发，我们课题组通过剪切流场诱导纳米片在聚合物溶液（海藻酸钠）中的取向，采用铺展法制备出了高度有序的、层状结构的大规模纳米限域复合材料（见图 7）[4]。

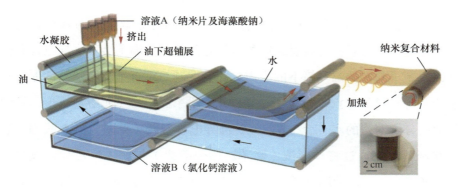

图 7　剪切流场诱导的大规模纳米限域复合材料的制备

紧密排布的纳米片层间能够形成纳米尺度的限域空间，限制其中高分子网络的运动，使材料的整体连接更为紧密，因此该复合材料在抗拉强度、韧性、弹性模量等指标上超过了天然材料。制备的基于氧化石墨烯（GO）和黏土纳米片的纳米复合材料具有的抗拉强度可以高达（1215 ± 80）MPa、弹性模量为（198.8 ± 6.5）GPa，比天然的珍珠分别高出 9.0 倍和 2.8 倍。此外，当使用黏土纳米片时，所制备的层状纳米复合材料的韧性可以高达到（36.7 ± 3.0）MJ/m^3，该纳米复合材料的抗拉强度也达到了（1195 ± 60）MPa。相较于传统材料，纳米限域复合材料不但在力学性能上有着更为优异的表现，还能够通过连续流场实现大规模制备，并且该方法的应用范围可以扩展到多种二维纳米填料上，有利于高性能复合材料的构筑与应用。

仿生智能多相复合材料的应用

多相复合材料能够有效协调不同组分的功能，在应用中有着得天独厚的优势。我们课题组从材料的性能优势出发，设计了一系列符合科研和生产前沿应用需要的材料，下面分别对其应用情况进行介绍。

1. 低温传感装置

凝胶材料具有良好的生物相容性，是研制可穿戴装置的首选材料之一。传统导电水凝胶材料易结冰的特性导致其在低温下会丧失导电性和弹性，限制了其在低温环境下的应用。我们课题组结合水凝胶的结冰原理和多相复合材料的特点，设计了一种以水 - 乙二醇作为二元溶剂，聚乙烯醇作为高分子网络的水 - 乙二醇二元抗冻导电水凝胶（见图 8）[5]。我们课题组在制备时还通过将预聚液（聚苯乙烯磺酸盐）与聚 3,4- 乙烯二氧噻吩（PEDOT）共混，借助电子在 PEDOT 分子链上的转移赋予了材料良好的导电性。在这一体系中，水分子与乙二醇有着强烈的结合倾向，会形成大量的分子簇而破坏水分子间的氢键，从而降低体系冰点，达到抗冻的目的。

此外，随着 PEDOT 分子链链间距在拉伸时的增加，该水凝胶的导电性也会下降，这就将其力学信号与电学信号关联起来。

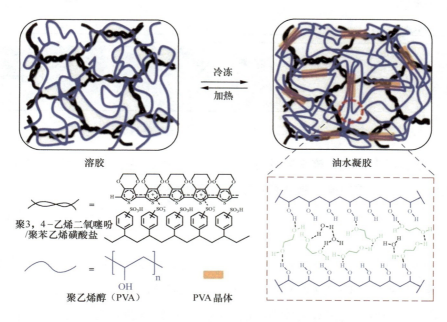

图 8　水 – 乙二醇二元抗冻导电水凝胶的网络设计

同时，该水凝胶的力学性能也十分优异，在不同温度下都具备良好的柔韧性，抗拉强度超过 1 MPa，以及具有受创后自修复的特性（见图 9）。

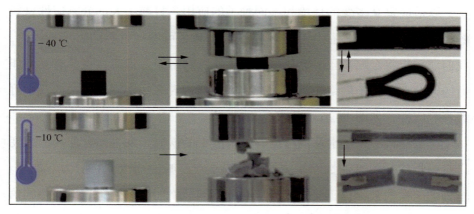

图 9　水 – 乙二醇二元溶剂抗冻导电水凝胶特性展示

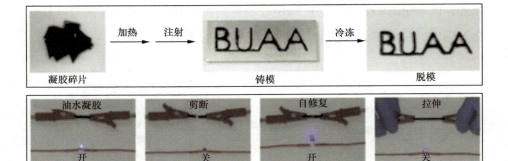

图 9　水 – 乙二醇二元溶剂抗冻导电水凝胶特性展示（续）

结合以上性能，该水凝胶可作为一种在 -40℃保持稳定的抗冻油水凝胶传感器，在柔性电子领域有着很好的应用潜力。

2. 软体机器人

软体机器人是当下材料学研究的热点领域。与传统机器人不同，软体机器人具备极强的灵活性和环境适应性，能够被设计、塑造成任意需求的形状，并能模仿肌肉等人体组织的功能。从医疗诊断到太空探测，软体机器人有着非常广阔的应用前景，也因此备受关注。

在设计、制备软体机器人时，高度灵活的可编程材料（可变性材料）是必不可少的。可编程材料需要在光、电、热等外部刺激下改变其自身形状，以适应复杂多变的环境和不同种类的应用。目前，大部分响应性材料的控制途径和响应途径均较为单一，难以满足可编程材料的需求。为此，我们课题组将金属离子 - 聚合物超分子异质网络作为骨架，将具有相变能力的亲油性高分子网络作为内部微相区，通过乳液法实现了材料的双重可编程响应性，如图 10 所示[6]。

在该材料中，亲水性网络能够同溶液中的铁离子发生络合作用而改变自身弹性模量，亲油性网络则能够对温度产生响应而改变自身力学性能。这种响应模式被称作正交网络响应，即不同网络能够分别独立地对不同信号做出响应。利用这一特性，材料可以通过在铁离子溶液中浸泡来改变其永久形状，从而表现出不同形状之间的记忆行为。此外，我们课题组还通过调控油相网络的组分，实现了不同温度下的多级次弹性模量响应。通过将具有不同相变点的油凝胶网络复合，使复合后的材料可以在每个相变点处独立响应，逐步改变自身弹性模量。我们课题组和北京航空航天大学机械工程及自动化学院文力教授合作，利用该刚度连续可调的油水凝胶材料，制备了"气 - 电"混合驱动软体机器人抓手（见图 11）[7]。该机器人抓手能够针对表面刚度、粗糙度不同的物体进行自适应性弹性模量调控，实现安全抓持的目的。

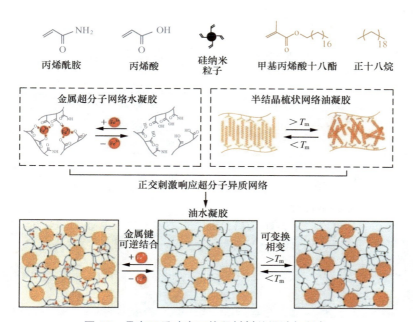

图 10　具有双重响应可编程材料的设计与制备

在这一驱动模式下，我们课题组通过输入电流改变软体机器人抓手内部的温度，从而控制其弹性模量。通过气压控制，具有优异柔韧性的软体机器人抓手能够在不同气压下展现出不同程度的弯曲能力。在抓取物体时，不但需要软体机器人抓手弯曲来获得与表面相匹配的形状，还需要通过温度变化控制软体机器人抓手的弹性模量与表面相适应。我们课题组还模拟了章鱼的吸附能力，在油水凝胶表面设计了吸盘，制备出仿章鱼软体机器人。当吸盘较硬时，该机器人在光滑表面上有着较强的吸附力，而在粗糙表面上会因吸附力较弱而无法实现吸附或抓取。而当吸盘较软时，该机器人虽然能够实现粗糙表面上的密封，但自身会因为形变而难以提供吸附力。为此，我们课题组对"气 - 电"驱动模式下工作的软体机器人施加电流以降低其刚度，使其产生变形以贴合粗糙物体表面；随后停止供电使吸盘刚度恢复，从而获得更大的吸附力。我们课题组发现在粗糙度 Ra 值为 200 μm 的粗糙表面上，变刚度吸附能提供的吸附力约是非变刚度情况下的 8 倍。

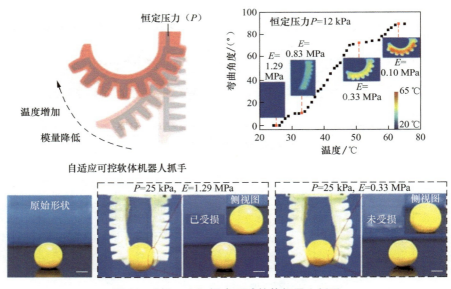

图 11 "气 – 电"混合驱动软体机器人抓手

可编程油水凝胶在软体机器人领域有着非常光明的发展前景，是材料学的研究热点之一。

3.微流控装置

微流控（Microfluidics）是一种用微型管道处理或操纵小通量流体的

技术。流体在微流控的微尺度下会表现出与宏观尺度迥异的特性，微流控装置可借助这些特性实现对流体的微加工。我们课题组与中国科学院理化技术研究所董智超老师合作，利用乳液结构油水凝胶构筑了一种模仿猪笼草口部边缘结构的，可擦除、可重复利用的微流控装置——油水凝胶模板，如图 12 所示[8]。

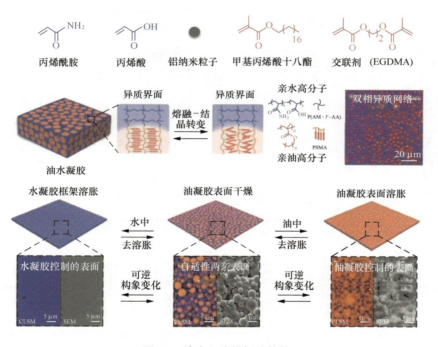

图 12　油水凝胶模板的构筑

将油水凝胶模板浸泡在不同溶剂中，其表面浸润性会发生改变。例如，浸泡在正十六烷中时，油水凝胶模板会表现出超疏水特性，可以定向输运水；而当浸泡在水中时，油水凝胶模板会表现出超疏油特性，可以输运多种与水不相溶的有机溶剂。在此基础上，我们课题组使用光热法精确对输运通道进行了局部加热，当油水凝胶遇热时，其内部油凝胶微区会发生熔化而恢复至其原始形状，从而可以通过油水凝胶形状记忆的特性对微流控通道进行选择性"擦除"，就能实现液体输运路径的良好选择性，如图 13

所示。微流控通道与多相复合材料的结合能够实现浸润性控制、形状控制等传统微流控技术难以实现的功能，为学科交叉领域提供了一个值得关注的新思路。

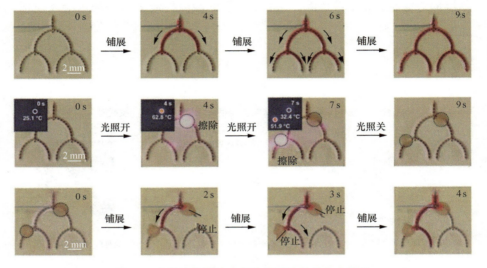

图 13　光热法控制油水凝胶表面液体的定向输运

结语

　　作为能够协调多组分性能与功能的新型材料，仿生智能多相复合材料在材料学领域的作用愈发重要。而随着越来越多的多相复合材料的逐步问世，人们对其理解也逐步加深，对多相复合材料的性能、功能、应用环境提出了更多的需求，这使得其设计与制备仍面临许多挑战。例如，结构设计上，如何实现对异质相结构和尺度的高精度控制；材料组成上，如何寻找互补性的组分以实现性能的大幅提高；应用需求上，如何将范围更广的多种功能有效结合。我们本课题组将继续在异质结构和界面效应等问题上展开深入研究，持续完善仿生智能多相复合材料的设计思路，提高材料性能。

参考文献

[1] ZHAO Z G, FANG R C, RONG Q F, et al. Bioinspired nanocomposite hydrogels with highly ordered structures[J]. Advanced Materials, 2017, 29(45). DOI: 10.1002/adma.201703045.

[2] GAO H N, ZHAO Z G, CAI Y D, et al. Adaptive and freeze-tolerant heteronetwork organohydrogels with enhanced mechanical stability over a wide temperature range[J]. Nature Communications, 2017(8). DOI: 10.1038/ncomms15911.

[3] ZHAO Z G, ZHANG K, LIU Y, et al. Highly stretchable, shape memory organohydrogels using phase-transition microinclusions[J]. Advanced Materials, 2017, 29(33). DOI: 10.1002/adma.201701695.

[4] ZHAO C Q, ZHANG P C, ZHOU J J, et al. Layered nanocomposites by shear-flow-induced alignment of nanosheet[J]. Nature, 2020(580): 210-215.

[5] RONG Q F, LEI W W, CHEN L, et al. Anti-freezing, conductive self-healing organohydrogels with stable strain-sensitivity at subzero temperatures[J]. Angewandte Chemie International Edition, 2017, 56(45):14159-14163.

[6] ZHAO Z G, ZHUO S Y, FANG R C, et al. Dual-programmable shape-morphing and self-healing organohydrogels through orthogonal supramolecular heteronetworks[J]. Advanced Materials, 2018,30(51). DOI: 10.1002/adma.201804435.

[7] ZHOU S Y, ZHAO Z Q, XIE Z X, et al. Complex multiphase organohydrogels with programmable mechanics toward adaptive soft-matter machines[J]. Science Advances, 2020, 6(5). DOI: 10.1126/sciadv.aax1464.

[8]　　ZHAO Z G, DONG Z C, LIU M J, et al. Adaptive superamphiphilic organohydrogels with reconfigurable surface topography for programming unidirectional liquid transport[J]. Advanced Functional Materials, 2019(16). DOI: 10.1002/adfm.201807858.

刘明杰，北京航空航天大学教授，"长江学者奖励计划"特聘教授、国家杰出青年科学基金获得者，首届中国化学会会士。主要致力于功能高分子材料的仿生合成及应用研究，通过限域空间内高分子聚合、结晶及链运动调控，制备了一系列高力学性能弹性体及纳米复合材料。以第一及通信作者在 *Nature*、*Nature Reviews Materials*、*Nature Communications*、*Science Advances*、*Angewandte Chemie International Edition*、*Advanced Materials*、*Journal of the American Chemical Society* 等期刊上发表论文 70 余篇。2020 年以单独通信作者在 *Nature* 上创新性地提出了高强韧仿生高分子纳米复合材料的规模化制备新技术。这些工作也多次受到 *Science China Materials* 等期刊的专题报道。曾获中国化学会－英国化学会青年化学奖、国际仿生工程学会杰出青年奖、中国化学会纳米化学新锐奖、日本理化学研究所研究创新奖等荣誉。目前担任第八届教育部科技委化学化工学部委员，国际期刊 *Giant* 执行编辑，*Polymer* 等 5 个杂志编委。

高性能生物大分子材料及其人工再构造

北京航空航天大学材料科学与工程学院

管 娟

安徽工业大学材料科学与工程学院

杨 康

自然界孕育了众多力学性能极为优异的结构材料，如蜘蛛丝、竹材、骨骼、皮肤等。丰富多样的化学组成和凝聚态结构赋予了生物大分子材料极为丰富的力学性能，这些性能多是生物体生存、繁衍所必需的。例如，人体皮肤柔韧有弹性，可保护内部脏器不易受损伤；骨骼坚硬却不乏韧性，既能为身体提供刚性支撑也能允许身体做高强度、大尺度的运动。

我们课题组和合作者研究了蚕丝、动物犄角等高性能天然材料，运用材料学研究方法表征这些材料的多级、多尺度分子结构，挖掘不同天然材料的力学特性，并尝试提出了一些自然界典型的强韧化机制。更进一步，我们也探讨如何结合合成材料和新技术，在不同尺度上重新组装、构造生物大分子，创造新材料和新功能，推进生物大分子材料在生物医学、信息传感器、柔性机器等领域的广泛应用。

高强韧天然动物丝及其人工再构造

1. 强韧却难以人工量产的梦幻纤维——蜘蛛丝

动物丝（蜘蛛丝、蚕丝等）是一类由纤维状蛋白质经由动物纺丝加工得到的纤维。蜘蛛丝韧性是动物丝家族中的佼佼者，其抗拉强度最高可达 3 GPa。一种定量描述纤维材料韧性的方式是计算拉伸应力 - 应变曲线下包裹的面积，这被称为韧性。假设一根蜘蛛丝的抗拉强度为 1.2 GPa、断裂延伸率为 20%，其韧性约为 200 MJ/m³（已报道的最高值可达 300 MJ/m³）。

由于蜘蛛的掠食天性和"即纺即用"的纺丝行为特点，人们无法像养蚕一样大规模饲养蜘蛛，而人工干预的方法在多国知名科学家和公司屡次尝试后也不了了之。例如，美国犹他州立大学教授 Lewis 等利用转基因方法让山羊奶能携带蜘蛛丝蛋白，却无法进一步制备高强韧的纤维。蜘蛛丝至今仍然难以人工量产，这使得蜘蛛丝成了名副其实的"梦幻纤维"。

蜘蛛丝的抗拉强度为什么这么高呢？

在格里菲斯断裂理论和 Irwin 提出的断裂力学及非弹性力学基础上，牛津大学的 Porter 博士推导出了高分子纤维材料的抗拉强度理论模型[1]：

$$\sigma_f \cong \sqrt{\frac{GE}{D}}$$

式中，G 为纤维应变自由能释放速率，E 为纤维弹性模量，D 为纤维直径。

如图 1 所示，大量高分子纤维的力学数据告诉我们，抗拉强度 σ_f 同纤维弹性模量和直径之比的平方根呈线性关系，其斜率正是纤维的应变自由能释放速率的平方根。由此可以获得高分子纤维的应变自由能释放速率的经验值 $G \cong 1000$ J/m^2。因此，已知高分子纤维的弹性模量和直径，我们就可以快速估算出其抗拉强度。

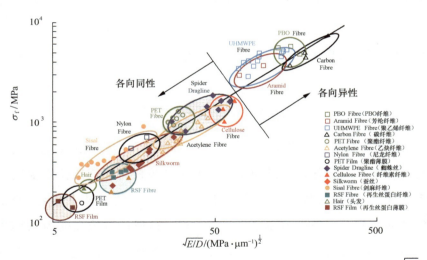

图 1　高分子纤维材料的抗拉强度（σ_f）和弹性模量与纤维直径之比的平方根（$\sqrt{\dfrac{E}{D}}$）之间的线性关系

应用这一公式就可以比较一下蜘蛛丝与蚕丝、碳纤维的抗拉强度。蜘蛛丝和蚕丝的弹性模量相差不大，在 5 ～ 20 GPa 范围，但直径差别较大，蜘蛛丝直径最小时仅为蚕丝的 1/10，因此仅利用纤度（纤维或纱线粗细的程度）的差异就可以使其抗拉强度达到蚕丝的 3 倍以上。也正因如此，通过强迫抽丝的方法可以获得纤度更高的蚕丝纤维，其抗拉强度也更高[2]。碳纤维是一种人工制备的高性能纤维材料，其弹性模量高于200 GPa，抗拉强度在 3 GPa 以上。与碳纤维相比，蜘蛛丝的弹性模量最高为 20 GPa，仅为碳纤维的 1/10。因此，在二者直径相同的条件下，蜘蛛丝的抗拉强度只能达到碳纤维抗拉强度的 1/3。由此可见，更纤细、更刚性的材料在理论上更容易获得更高的抗拉强度。

蜘蛛丝的韧性为什么这么高？图 2 所示的应力 - 应变曲线提供了一种分析纤维韧性的方法。这条曲线包裹的面积即为材料的韧性，曲线本身包括对应于小应变的弹性形变阶段和对应于大应变的塑性形变阶段，两段之间是屈服点 / 屈服段。对于碳纤维，仅有弹性形变而没有塑性形变；对于一些橡胶类材料（如聚己内酯纤维），2% 的屈服应变所对应的应力仅为10 MPa，韧性的贡献主要来源于大塑性形变；而对于蜘蛛丝，弹性形变和塑性形变阶段的吸能相当，二者对于韧性的贡献几乎同等重要。高分子材料的韧性是由其内聚能决定的。

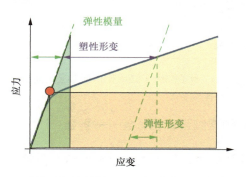

图 2　动物丝纤维材料典型的拉伸应力 - 应变曲线

在蜘蛛丝的微观结构中，分子链沿纤维轴向平行排列，一部分形成了 β - 折叠构型的 3D 长程有序结构，即"晶区"，另一部分则形成了高度取向、短程有序结构，即"非晶区"。在蜘蛛丝的拉伸过程中，其微观结构的变化可以理解为：在弹性形变阶段，晶区和非晶区在力场中均匀形变，分子链内共价键和链间氢键仅发生键长、键角变化；在塑性形变阶段，非晶区的链段开始运动，分子链发生局部滑移，同时非晶区分子链间氢键被逐渐破坏，成为这一阶段吸能的主要机制。

蜘蛛丝纤维结构中有多少氢键呢？如图3所示，蜘蛛丝纤维中丝蛋白分子链平行排列之后，分子链间会生成连续氢键，分子链排列越平行，分子间氢键的密度越高[3]。虽然氢键的键能只有 10 ～ 20 kJ/mol，但是连续氢键能够显著增加分子间相互作用，从而增加分子体系的内聚能。对于丝蛋白体系，理论计算得到的内聚能在 30 ～ 50 kJ/mol，分子间氢键的贡献为 20% ～ 30%。氢键作用也是很多生物大分子体系中最重要的分子间相互作用力，赋予了这些体系更稳定的分子结构和更优异的力学性能。这也是蜘蛛丝韧性高的原因。

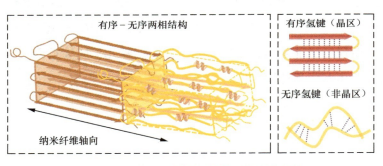

图3　丝蛋白分子链平行排列形成结晶结构

2. 唯一可量产的连续蛋白质长丝——蚕丝

尽管蜘蛛丝性能优越，但中国人对蚕丝情有独钟。目前，我国每年的蚕丝产量占世界总产量的 70% 以上，居世界第一。蚕是一种典型的变态昆虫，短短一生经历了形态的巨大变化，让人感叹自然造物之神奇。五千多年的桑蚕人工繁育创造出了纤细却强韧的桑蚕丝，证明了"人工选择"的力量。但大部分的野生蚕种仍然需要对抗自然界的恶劣天气和鸟类、啮齿动物等天敌的捕食，与桑蚕的进化形成了鲜明对比。野蚕能否顺利地化蛹成蝶，依赖于蚕茧这座"丝房子"是否坚韧。柞蚕是一种重要的野蚕，生活在山东、辽宁等地，成虫体形大、颜色鲜艳，而柞蚕茧壳十分密实、坚硬，柞蚕丝的抗拉强度和韧性在蚕丝中极其优异。我们课题组和合作者主要研究桑蚕丝／茧和柞蚕丝／茧，探究其强韧化机制。

柞蚕丝为什么强韧？柞蚕丝的拉伸断裂延伸率大于40%，是桑蚕丝的两倍以上，这使得它的韧性极高。柞蚕丝的微观分子结构可以套用前述蜘蛛丝分子结构模型。柞蚕丝纤维中的分子链高度有序排列，即便在非晶区，分子间氢键的密度也很高，相应的非晶态玻璃化转变温度达230 ℃。在微纳尺度上，柞蚕丝具有十分显著的微纤维结构，给柞蚕丝带来了独特的强韧性能。复旦大学邵正中团队的研究表明，柞蚕丝的这些微纤维在拉伸断裂后的纤维化形貌十分明显（见图4）[4]。这些沿纤维轴向高度取向的微纤维，赋予了柞蚕丝抵抗损伤的能力。正如格里菲斯断裂理论描述，用刀片在纤维上切出缺口，再对其进行拉伸，一定会导致纤维更快断裂。这是缺口尖端产生的应力集中引起的。但是，有缺口的柞蚕丝单丝纤维在拉伸时，裂纹会偏转沿着纤维轴向扩展，导致缺口部分纤维同完整纤维部分劈裂分离，而剩余的纤维仍能保持柞蚕丝的断裂延伸率。微纤维结构是导致柞蚕丝各向异性特性的原因。

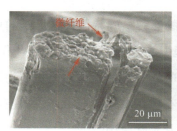

图4　柞蚕丝纤维拉伸断口上的微纤维

接着，我们对比研究了桑蚕茧和柞蚕茧的微观形貌和力学性能。由图5所示可见，蚕茧壳是由丝纤维黏接而成的，其微观结构类似于口罩中的无纺布纤维多孔结构[5]。柞蚕茧的抗拉强度为50 MPa，是桑蚕茧的2倍以上，其韧性为10 MJ/m³，是桑蚕茧的5倍，此外，柞蚕茧也比桑蚕茧

高性能生物大分子材料及其人工再构造

更抗撕扯、抗刺压。经过研究分析，我们认为柞蚕茧更强韧的原因有两点：一是柞蚕丝的韧性比桑蚕丝更优；二是柞蚕茧的纤维网络结构更强，其扁平截面有效地增大了纤维之间的黏接层厚度，进而增加了界面剪切强度。

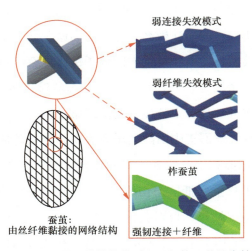

图 5　蚕茧的纤维网络结构模型和强韧柞蚕茧的失效行为

综上所述，天然动物丝性材料的强韧化机理大致分为两个层面：一个层面是纳观和微观层面的分子结构特征，如分子排列更有序、结晶度和取向度更高，在相同化学结构条件下能赋予材料更高的弹性模量和更大的内聚能密度；另一个层面是微观和介观的形貌结构特征，如纤维的尺寸、黏接方式和黏接层的厚度，在失效过程中能改变失效模式、延长作用时间，并通过启动更多的失效机制实现更多吸能。理解了这些天然动物丝材料优异力学性能的多层次结构原因，我们有望在人工材料中通过调控这些结构参数，获得可定制的力学性能，拓展其实际应用。

3. 动物丝的人工再构造

天然动物丝纤维、丝网和丝茧各自具有独特的多层次结构。对这些材料进行人工再构造时，我们聚焦的问题是保留哪个尺度上的天然结构，或者说，对天然结构破坏到什么程度。对蚕丝自上而下"分解"可以获得微纤维、纳米纤维和丝蛋白分子链等逐级减小的结构基元。用机械方法（如球磨法）可以打破柞蚕丝中微纤维之间的连接，获得直径在微米级的柞蚕丝微纤维；采用化学溶剂（如氯化钙和甲酸溶液）处理桑蚕丝，适度溶解可以获得桑蚕丝纳米纤维；而直接用高浓度溴化锂溶液溶解桑蚕丝，能够将其直接变为丝蛋白分子链。微纤维和纳米纤维保留了天然纺丝过程的加工成果和高度有序的凝聚态结构，而丝蛋白分子链仅仅保留了其共价键连接的一级结构，丢失了凝聚态结构。

我们的研究聚焦于两方面：一方面是丝蛋白分子链的再构造，重新构建丝蛋白分子链的凝聚态结构，实现高弹性、高强度等力学性能；另一方面是保留天然丝纤维的凝聚态结构和长纤维形态，在介观尺度和宏观尺度上设计新结构性材料。后者在结合了先进的加工工艺和新型合成高分子材料之后，可以极大地拓展自然界丝材料有限的形式，如丝网和丝茧，创造更新颖的结构并实现更广阔的应用。

（1）从完全无序开始的丝蛋白分子链再构造。

如前所述，丝蛋白分子链已经丢失了天然丝纤维的凝聚态结构信息。新制的丝蛋白溶液中游离的丝蛋白分子链呈无规线团结构，整体排列无序。如何重构凝聚态结构实现组织工程生物材料所需的高强韧力学性能呢？动物丝蛋白的分子链结构使其更倾向于生成稳定的 β - 折叠构型，即分子链平行排列，链间形成氢键。氢键的连续有序排列能够更有效地增加链间结合能[6]，形成的 β - 折叠片在溶液 / 凝胶中将更加稳定。因此，调控丝蛋白在溶液中的结构的关键在于控制 β - 折叠构型的生成动力学。

我们课题组的一个代表性工作是制备高弹性、耐疲劳的丝蛋白海绵 / 支架，用于软骨组织修复和再生。在质量分数为 5% 的丝蛋白溶液中加入化学交联剂乙二醇二缩水甘油醚（EGDE）和交联反应催化剂四甲基乙二胺（TEMED），混合均匀后置于 -20 ℃～ -10 ℃的低温下，就实现了丝蛋白冷冻的凝胶化转变，制备的丝蛋白支架如图 6 所示[7]。丝蛋白支架在力学上表现为柔软 / 低刚性、高弹性和强韧性，其体外细胞毒性、体内的组织相容性也十分优异。我们课题组同北京积水潭医院合作，基于兔膝关节软骨缺损模型，开展了该丝蛋白支架在软骨组织工程的应用验证。结果表明，结合适宜生物因子载药设计，该丝蛋白支架可以有效地促进干细胞筑巢并定向分化为软骨细胞，实现了支架降解和软骨再生的协同进行。这一工作发表在*Advanced Healthcare Materials* 上，并被选为 2023 年第 1 期封面文章。

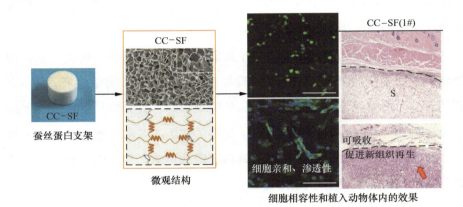

图 6 用冷冻凝胶法制备的丝蛋白支架

我们课题组的另一个代表性工作是制备高强度丝蛋白水凝胶。水凝胶在医学领域有着广泛的用途，其"高强度"的定义是拉伸 / 压缩模式下的强度或者弹性模量超过 1 MPa。丝蛋白是一种仅通过物理交联就可以实现优异力学性能的天然蛋白质材料。因此，相比化学交联水凝胶，丝蛋白水凝胶也被认为更加"绿色""低毒"。

复旦大学邵正中团队提出了一种制备高强韧丝蛋白水凝胶的简便方法，即在丝蛋白溶液中加入表面活性剂十二烷基硫酸钠（SDS），促进 β-折叠快速、大量形核的同时可以限制 β-折叠长大，使丝蛋白分子链形成更为坚固的物理交联网络。在 15% 质量分数的丝蛋白溶液中，加入 40% 质量分数的 SDS 水溶液，所得到的丝蛋白 -SDS 水凝胶的抗拉强度超过 1 MPa，进入了高强度水凝胶的范畴[8]。

我们采用双网络水凝胶设计法，使丝蛋白与聚丙稀酰胺十八酯嵌段共聚物或聚丙稀酸形成双网络，通过第二网络高分子材料的弹性形变提高了水凝胶整体的韧性。值得深入思考的是，选取的合成高分子材料同丝蛋白的分子尺度相容性仍不理想，如果能够找到一种化学性质与丝蛋白更加相似、相容性更好的合成高分子材料，将能实现丝蛋白基双网络水凝胶强度和韧性的进一步提升[9]。

综上所述，从丝蛋白分子链分子排列完全无序的状态开始，通过冷冻凝胶法、表面活性剂法和双网络水凝胶设计法等对丝蛋白分子链中 β - 折叠物理交联点的大小和分布进行调控，可获得医用结构性材料更关注的高弹性和高韧性。针对 β - 折叠结构的各向异性性质，上海科技大学凌盛杰团队通过"机械训练"使丝蛋白水凝胶中的 β - 折叠结构取向，获得了力学各向异性的水凝胶，这一力学特性能够影响（干）细胞的生长、增殖和分化行为[10]。

（2）从连续长丝开始的天然蚕丝复合材料设计。

从蚕茧解舒获得的连续蚕丝长丝保持了天然蚕丝的连续长纤维形态，也最大限度地保留了天然的凝聚态结构（高取向度、高有序性）。蚕丝纤维细柔软，但它的弹性模量和抗拉强度超过了很多体相高分子材料，甚至还超过了尼龙纤维，因此蚕丝可以作为高分子基体材料的强韧相。

环氧树脂是一种室温下使用的热固性塑料，也是高性能碳纤维复合材料的常用基体，其加工性能和使用性能都十分优异。我们研究的桑蚕丝和柞蚕丝都能够显著增强和增韧双酚 A 型环氧树脂，但柞蚕丝比桑蚕丝的强韧化效果更佳。这归因于柞蚕丝本身的高延伸性和微纤维化结构。在复合材料的失效过程中，特别是在相同冲击速率条件下，柞蚕丝的微纤维化结构能显著提升复合材料的韧性。基于蚕丝本身强韧平衡的力学特点，我们课题组采用亚麻纤维、碳纤维作为混杂纤维增刚、增强蚕丝环氧树脂复合材料[4,11]，在冲击性能上获得了"1+1>2"的效果。

组织工程和再生医学对生物材料的可吸收性和促进组织再生性提出了更高的要求。从 2019 年起，我们课题组针对植入物器械的"可吸收"需求，选取可降解医用高分子材料为基体，开展了可吸收蚕丝复合材料的研究。以聚己内酯（PCL）、聚乳酸（PLA）为代表的聚酯类医用高分子材料，已经在医用器械和植入物领域大展身手，由美国食品与药品监督局（FDA）批准的各类相关医用器械数不胜数。我们从中选取了应用极为广泛的、具有生物安全性且加工性能极为优异的 PCL 作为基体，用蚕丝强韧化 PCL 制备复合材料。制备的首要挑战在于如何提高天然蚕丝与热塑性聚酯高分子的界面黏接性能。解决思路是采用生物友好化合物多巴胺和环氧大豆油处理蚕丝表面，改变蚕丝表面的化学性质，通过构建更多的共价键、氢键等物理、化学相互作用以增强与聚酯类基体的界面黏接。有趣的是，多巴胺聚合之后转变为聚多巴胺，会形成刚性纳米颗粒分布在蚕丝表面，此时再引入环氧大豆油便形成一层柔软的膜衣，不仅将刚性颗粒包裹住，还增加了与 PCL 基体的相容性。实验证明这样的一层"刚柔并济"的界面"递质"，能够将蚕丝和 PCL 的界面剪切强度提升 60%。此外，聚多巴胺的生物学性能特别是植入机体初期的抗炎性能也可能减少蚕丝 -PCL 复合材料植入体的炎症反应。

为应对生物医用器械的个性化定制需求，我们课题组与日本理化学研究所、复旦大学、北京积水潭医院正在研究蚕丝增强聚酯复合结构性材料的 3D 制备方法和组织工程应用。这一研究一旦实现突破，天然蚕丝医用复合材料将实现 3D 个性化定制，为高性能医用结构性材料提供一种新思路，也将推动我国可降解植入物器械领域的创新。

高刚强竹材及其人工再构造

1. 高度取向和结晶的纤维素材料——天然竹材

纤维素是自然界储量 / 产量最大的生物大分子，它是木本植物和草本植物结构组织（特别是细胞壁）的最主要成分。竹子是世界上长得较快的植物，平均每天能生长 30 cm。如图 7 所示，天然竹材是由木质素、半纤维素和纤维素组成的复合物，具有独特的多层次结构。在毫米尺度上，其结构可看作纤维增强复合材料，图中连续多孔状基质是由木质素组成的薄壁组织，而图中花瓣状维管束是纤维相，也称为宏观纤维（Macrofiber）。宏观纤维的直径约为 100 μm，沿着竹子轴向平行排列，长径比可以达到 10^5，在分子结构和力学性能上体现高度的各向异性，即长轴方向抗拉强度高，垂直方向容易剥离分散。在微米尺度上，宏观纤维内部又包括半纤维素基质和很多独立的纤维素纤维。研究人员可以通过机械或者化学的方法解理宏观纤维，分离出更微观的几微米至几百纳米直径的纤维素纤维。

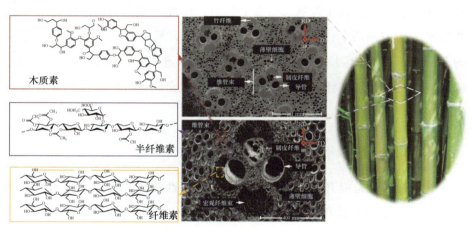

图 7　天然竹材的化学组成和独特的多层次结构

高度取向和结晶的纤维素纤维给天然竹材带来高刚性和高强度，而非晶态的木质素薄壁细胞和半纤维素基质则主要提供韧性。美国马里兰大学的 Hu 等采用过氧化甲酸和碱液处理天然竹材[12-13]，高效地去除木质素和半纤维素，分离出了长达几十厘米的连续宏观纤维，这为研究纤维素纤维的力学性能创造了条件。测试表明，宏观纤维的弹性模量达 120 GPa，抗拉强度达 2.2 GPa，超越了众多合成高分子纤维，和尺寸相近的沥青基碳纤维力学性能相当。宏观纤维如此优异的力学性能与其分子结构密不可分。在偏光显微镜下，采用化学法剥离出的宏观纤维具有明显的光学各向异性，表明纤维素分子取向程度非常高；广角 X 射线衍射谱显示，纤维素分子结构的结晶度高达 65%。

天然竹材的高韧性还与其中的水分有关。天然竹材普遍具有湿度敏感性，原因是生物大分子的化学组成中富含羟基、氨基等极性基团，让其具有亲水性。同时，天然竹材的凝聚态结构也决定了同水分子的相互作用，一般情况下，水分子仅能渗透到非晶区，不能进入晶区。北航骆红云团队研究了天然竹材力学性能受湿度的影响。研究发现[14]，水含量为 22% 的天然竹材相比干燥状态，其抗拉强度提升了 30%，断裂延伸率提升了 200%。声发射分析表明宏观纤维的断裂由脆性转为韧性，同时界面失效在所有失效事件中的占比相比干燥状态有显著提升。由此，骆红云团队提出水在天然竹材结构中的两个作用：一是水进入非晶区，软化了基体相和纤维相中的非晶区部分，起到了"增塑"作用；二是水进入了纤维和基体的界面，通过氢键在纤维和基体之间构建出新的"物理交联"界面，起到了界面增韧的作用。

2. 利用纳米强韧化让竹子更强韧——人造竹材

纳米强韧化是提升材料力学性能和功能特性的有效方法。纳米材料指在至少 1 个维度上具有小于 100 nm 的尺寸。一般来说，在体相材料中引入很少量纳米相（质量分数小于 1%）就可以实现材料力学性能的显著提升。作为前沿研究方向，北航程群峰团队研究类石墨烯 MXene 增强的纳米复合材料、刘明杰团队研究氧化石墨烯和纳米黏土片复合材料，均取得了重要突破[15-16]。

TiO_2 纳米颗粒具有优异的光催化、抗菌、自清洁性质，原位合成制备简便。北航骆红云团队研究了 TiO_2 纳米颗粒对天然竹材的强韧化效应，团队先用碱液溶解木质素基质，得到多孔竹材，再用水热法原位合成 TiO_2 纳米颗粒，最后进行热压致密化获得 TiO_2 增强的致密化竹材。原位合成使 TiO_2 颗粒均匀分散于竹材内部、宏观纤维之间，使纤维在弯曲载荷下更容易沿着纤维长轴方向劈开，同时，TiO_2 纳米颗粒在劈裂过程中能够起到桥接作用并有效增加摩擦 / 剪切形变阻力。TiO_2 增强的人造竹材的弯曲强度达 417 MPa，相比致密化竹材提升了 26%，为进一步提升天然竹材的刚性和强度提供了一种简便易行的方法。

高韧性动物犄角及其人工再构造

1. 高韧性抗冲击的角蛋白组织——动物犄角

动物犄角是一种角蛋白组织，主要存在于牛科动物（含牛亚科、羊亚科与羚羊亚科）中，在日常打斗中承受着弯曲、压缩等多种形式的载荷，一旦损伤则无法复原。经过亿万年的生物进化，动物犄角成为了轻质高强韧材料的代表之一，具有抗冲击、高损伤容限等特点。不同物种的犄角都具有类似的皮芯结构：多孔骨质芯层与角蛋白壳层。其中，角蛋白壳层是直接承载的部分，也是提供韧性的重要结构。因此，研究角蛋白壳层的分子结构和微观结构，探索其与力学性能的内在联系，可以为轻质高强韧的仿生材料设计提供重要启发 [17-18]。

动物犄角的角蛋白壳层形成于细胞的角质化过程，是由死亡的上皮细胞构成的。角蛋白主要包括 α- 角蛋白和 β - 角蛋白，动物犄角中的角蛋白主要为 α- 螺旋构型。角蛋白壳层可以理解为结晶度较高的角蛋白纤维包埋于非晶的角蛋白基体中所形成的纤维增强复合材料。在微观尺度，角蛋白壳层还存在一些特征结构，如波纹片层、细管结构、沟回状互锁结构等。因此，动物犄角也是具有多层级结构的天然结构性材料。

如图 8 所示，大角羊角 [19] 在宏观尺度上呈现螺号状螺旋锥形，横截面中可以看到厚度为几厘米的角蛋白层，介观尺度上可进一步分为管状层合结构，微观尺度上片层可进一步分为基质和纤维束，基质中包含丰富的二硫键，纳米尺度上纤维束由更细的中间纤维组成，分子尺度上角蛋白分子链形成螺旋构型。如图 9 所示，非洲黄牛角 [19] 的宏观特征是锥形，在介观尺度上也具有层状结构，相比大角羊角多了波纹层状结构和鳞片状界面互锁结构。我们近期的研究表明，非洲黄牛角的抗拉强度和弯曲韧性在所有动物犄角中最为优异，其中角蛋白层的波纹层状结构和鳞片状界面互锁结构起着关键作用。这些结构使黄牛角在承载过程中，形成了更多的裂纹偏转、增加了裂纹扩展路径，有效地提升了韧性，也使其具有更高的损伤容限。

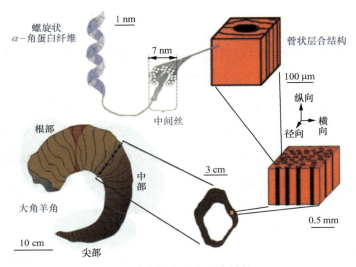

图 8　大角羊角的多尺度结构

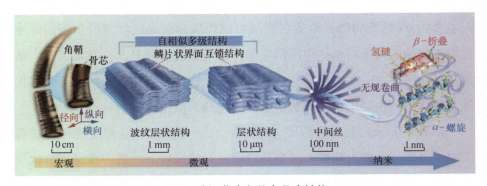

图 9　非洲黄牛角的多尺度结构

在分子层面上，角蛋白的结构和性质也受水含量的巨大影响。水的作用主要体现在以下两个方面：一方面，水作为溶胀剂会破坏角蛋白分子内的氢键，诱导生成更多的无规构型；另一方面，水作为塑化剂能使角蛋白分子间的相对运动变得更容易。随着水含量的增加，动物犄角由较高的刚性和较低的韧性，转变为较低的刚性和较高的韧性。因此，调节水含量是调节动物犄角刚度、强度和韧性的办法，可以实现三者的平衡。值得一提的是水分子诱导的大角羊角蛋白层的形状记忆行为[17]：将受载荷作用发生变形的大角羊角浸泡于水中，水分子会渗透到非晶区，引起角蛋白分子链的构型转变，氢键被破坏、被拉开的螺旋构型得以恢复，角蛋白层就能恢复到原始形状。

2. 微观结构特征的仿生制备——动物犄角的人工再构造

相比于天然竹材中的纤维素纤维，动物犄角中的角蛋白纤维束或者中间纤维很难被分离出来。如果仅考虑 α- 角蛋白纤维的获取，动物毛发特别是羊毛就已经为我们提供了丰富的资源。因此，目前对于动物犄角的人工再构造工作，主要从天然多层次结构出发进行结构仿生。

仿生学界关注较多的是天然犄角中规则排列的空心细管结构，这样的结构也相对容易进行人工仿制。空心细管作为孔洞的一种形式，能使周围的角蛋白具备更大的弹性变形能力，界面的存在也能诱导裂纹偏转，吸收更多能量。此外，犄角空心细管结构沿厚度方向呈直径和孔隙率的梯度分布，内部细管更细、孔隙率更低。依据空心细管结构的梯度特征，研究人员制造了抗冲击的摩托车头盔，头盔外层主要承担冲击载荷下的能量吸收，而致密内层可以减小变形[20]。

鲫鱼吸盘及其人工再构造

1. 具有法向胶原纤维特征的吸附组织——鲫鱼吸盘唇圈

胶原蛋白是哺乳动物体内含量很高的蛋白质，占体内蛋白质总量的

高性能生物大分子材料及其人工再构造

25% ～ 30%。胶原蛋白既构成了动物的结缔组织，如皮肤、肌肉、韧带等，也构成了骨骼的有机相。与丝蛋白、角蛋白一样，胶原蛋白属于纤维状蛋白，是非常重要的结构性蛋白质。

我们课题组与北航机械工程及自动化学院文力团队合作研究了一种特殊的胶原蛋白组织，即鲫鱼吸盘唇圈。鲫鱼是一种体形细长的硬骨鱼，喜欢"搭便车"在深海远游索食[21]。"搭便车"行为需要一个强有力的黏附工具。为此，鲫鱼头顶的第一背鳍进化成了独特的吸盘，它包含柔软的唇圈组织、排列整齐的硬质鳍片和鳍片顶部的硬质小刺，外部唇圈可实现表面贴附和密封，小刺可与吸附宿主表面形成机械啮合，提高吸附力[22]。

鲫鱼吸盘唇圈可以认为是一种特殊的肌肉组织，主要由胶原蛋白构成。如图 10 所示，唇圈组织的内部结构非常独特，呈现明显的分层结构：与宿主表面接触的粗糙表皮层，厚度约 30 mm；皮下浅层由大量与表皮层平行取向的胶原纤维束（直径为 40 ～ 60 mm）构成，厚度为 250 ～ 500 mm；中央层具有垂直排列、卷曲和松弛的胶原纤维（直径为 5 ～ 15 mm，长度为 300 ～ 550 mm）。中央层约占整个组织厚度的 60%。我们对唇圈组织进行了周向、径向和法向的准静态力学和动态力学测试，证明了它独特的垂直 / 法向排列的纤维形貌与力学各向异性的关联性，由此提出该纤维结构是其优异吸附功能的关键结构。

天然法向纤维结构

图 10　鲫鱼吸盘唇圈的分层结构及其中央的法向纤维结构

2. 法向纤维增强吸附表现——仿生吸盘

法向纤维是鲫鱼具有强大吸附功能的重要结构特征。我们基于这一结构特征，设计并制备了仿生吸盘。制备的挑战在于获得垂直于吸附表面的纤维。静电植绒技术可以快速高效地在胶质表面植入站立的纤维，为制备工作提供了理想的方案。我们选取了尼龙纤维仿制唇圈中的胶原纤维，以硅橡胶仿制唇圈基质，成功重现了鲫鱼吸盘的法向纤维结构特征。研究表明，仿生吸盘组织具有类似天然组织的各向异性力学性质，并体现出法向抗蠕变特性。图 11 所示为尺寸为 130 mm × 75 mm 的椭圆形仿生吸盘，其最大脱附力可达到 400 N，相对于各向同性的纯硅橡胶基体吸盘，脱附力提升了约 35%，同时吸附时间延长了约 340%。

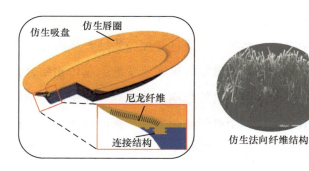

图 11　包含法向纤维的椭圆形仿生吸盘

自然界的典型吸附功能结构还包括树蛙趾掌和章鱼吸盘。我们发现这些吸附组织的表皮层的平铺取向的纤维结构具有一定相似性，但鲫鱼吸盘唇圈的中央层法向纤维结构的确具有特殊性。这样巧妙的"抗拉易弯压"结构无疑是物竞天择的结果。尽管我们没有在同样微观的尺度下重现鲫鱼吸盘唇圈的法向纤维结构，但其中的机制却启发我们制备了吸附功能更强的人工吸盘。由此可见，理解并运用天然结构性材料的强韧化机制比仿制结构本身更重要。

高性能生物大分子材料及其人工再构造

生物大分子材料的强韧化机制

上述高性能生物大分子材料的力学特点可概括为：蜘蛛丝强且韧，动物犄角高韧抗冲击，天然竹材刚而强。可见，这些材料的结构中蕴藏了一些相似的、典型的强韧化机制。

（1）构建分子链取向结构是生物大分子材料增强增韧的高效方式。蜘蛛丝和天然竹材都包含了分子链沿纤维轴向平行排列的结构。链内共价键强度远高于链间氢键和分子间作用力，使分子链轴向平行排列能带来该方向弹性模量和抗拉强度的显著提升。同时，取向的生物大分子间更容易形成氢键，分子间作用力更强，也极大地增强了分子的内聚能，提升了韧性。在蜘蛛丝和竹纤维中，不仅其晶区存在高密度氢键，其非晶区也存在大量的氢键。这些氢键的存在显著提升了韧性。

（2）构建多层级异质结构，并通过调控异质结合界面性能可调控整体力学性能。在天然竹材中，纤维素纤维和薄壁细胞基体相结合，界面结合较弱，因此整体主要体现纤维素纤维刚强的特点。柞蚕丝中微纤维之间的界面结合较弱，但断裂过程中微纤维化带来了新的吸能方式，也改变了裂纹扩展方式，因此纤维整体既有刚性也有韧性。而蜘蛛丝中，晶区和非晶区结构域均在纳米尺度，二者结合主要是共价键作用，这种不同结构域的强结合使得蜘蛛丝既有刚性又不乏韧性。

结语

大自然的高性能生物大分子材料带给我们数不尽的结构设计灵感。虽然完全照搬生物体"制造"材料的方式，在体外"复制"天然多层级结构，从纳米到宏观，目前仍然困难重重。但是，通过揭示这些高性能材料蕴含的精妙结构和强韧化机制，并将其运用于新材料设计中，我们将创造出力学性能更出色的结构性材料，改变我们的未来。

参考文献

[1]　PORTER D, GUAN J, VOLLRATH F. Spider silk: super material or thin fibre?[J]. Advanced Materials, 2013, 25(9): 1275-1279.

[2]　SHAO, Z, VOLLRATH, F. Surprising strength of silkworm silk[J]. Nature, 2002, 418(6899): 741.

[3]　FU C J, WANG Y, GUAN J, et al. Cryogenic toughness of natural silk and a proposed structure–function relationship[J]. Materials Chemistry Frontiers, 2019(3): 2507-2513.

[4]　YANG K, GUAN J, NUMATA K, et al. Integrating tough antheraea pernyi silk and strong carbon fibers for impact-critical structural composites[J]. Nature Communications, 2019(10). DOI: 10.1038/s41467-019-11520-2.

[5]　GUAN, J, ZHU W, LIU B, et al. Comparing the microstructure and mechanical properties of bombyx mori and antheraea pernyi cocoon composites[J]. Acta Biomaterialia, 2017(47): 60-70.

[6]　WANG W, ZHANG Y Y, LIU W G. Bioinspired fabrication of high strength hydrogels from non-covalent interactions[J]. Progress in Polymer Science, 2017(71): 1-25.

[7]　MAO Z N, BI X W, YE F, et al. The relationship between cross-linking structure and silk fibroin scaffold performance for soft tissue engineering[J]. International Journal of Biological Macromolecules, 2021(182): 1268-1277.

[8]　SU D H, YAO M, LIU J, et al. Enhancing mechanical properties of silk fibroin hydrogel through restricting the growth of β-sheet domains[J]. ACS Applied Materials & Interfaces, 2017, 9(20): 17489-17498.

[9]　ZHAO Y, GUAN J, WU S J. Highly stretchable and tough physical

silk fibroin based double network hydrogels[J]. Macromolecular Rapid Communications, 2019(40). DOI: 10.1002/marc.201900389.

[10]　CHEN G W, LUO H Y, YANG H Y, et al. Water effects on the deformation and fracture behaviors of the multi-scaled cellular fibrous bamboo [J]. Acta Biomaterialia, 2018(65): 203-215.

[11]　WU C E, YANG K, GU Y Z, et al. Mechanical properties and impact performance of silk-epoxy resin composites modulated by flax fibres[J]. Composites Part A: Applied Science and Manufacturing, 2019(117): 357-368.

[12]　LI Z, CHEN C, MI R, et al. A strong, tough, and scalable structural material from fast-growing bamboo[J]. Advanced Materials. 2020, 32(10). DOI: 10.1002/adma.201906308.

[13]　LI Z, CHEN C, XIE H, et al. Sustainable high-strength macrofibres extracted from natural bamboo[J]. Nature Sustainability, 2021(5): 235-244.

[14]　CHEN G W, LUO H Y, WU S J, et al. Flexural deformation and fracture behaviors of bamboo with gradient hierarchical fibrous structure and water content[J]. Composite Science and Technology, 2018(157): 126-133.

[15]　WAN S J, LI X, CHEN Y, et al. High-strength scalable MXene films through bridging-induced densification. Science 2021, 374(6563): 96-99.

[16]　ZHAO C Q, ZHANG P C, ZHOU J J, et al. Layered nanocomposites by shear-flow-induced alignment of nanosheets[J]. Nature, 2020(580): 210-215.

[17]　HUANG W, ZAHERI A, YANG W, et al. How water can affect keratin: hydration-driven recovery of bighorn sheep (ovis canadensis) horns [J]. Advanced Functional Materials, 2019(27). DOI: 10.1002/adfm. 201901077.

[18] CAI S, YANG K, XU Y, et al. Structure and moisture effect on the mechanical behavior of a natural biocomposite, buffalo horn sheath[J]. Composites Communications, 2021(26). DOI: 10.1016/ j.coco.2021.100748.

[19] HUANG W, ZAHERI A, JUNG J, et al. Hierarchical structure and compressive deformation mechanisms of bighorn sheep (ovis canadensis) horn[J]. Acta Biomaterialia, 2017(64). DOI: 10.1016/ j.actbio.2017.09.043.

[20] KASSAR S, SIBLINI S, WEHBI B, et al. Towards a safer design of helmets: finite element and experimental assessment[C]// ASME IMECE 2016. New York: ASME, 2016(14). DOI: 10.1115/ IMECE2016-66778.

[21] SU S W, WANG S Q, LI L, et al. Vertical fibrous morphology and structure-function relationship in natural and biomimetic suction-based adhesion discs[J]. Matter, 2020, 2(5): 1207-1221.

[22] WANG Y P, YANG X B, CHEN Y F, et al. A biorobotic adhesive disc for underwater hitchhiking inspired by the remora suckerfish[J]. Science Robotics, 2017, 2(10). DOI: 10.1126/scirobotics.aan8072.

高性能生物大分子材料及其人工再构造

管娟，北京航空航天学材料科学与工程学院副教授，从事生物大分子及其复合材料研究。目前以第一及通信作者在 *Nature Communications*、*Matter*、*Advanced Healthcare Materials* 等期刊发表论文 30 余篇，授权组织工程材料国家专利 2 项。天然蚕丝复合材料研究入选美国化学会 2020 年年会的亮点报道，仿生鮣鱼吸盘相关工作获 *Science Daily* 等知名科学媒体报道。

杨康，安徽工业大学材料科学与工程学院资格教授、硕士生导师。长期从事蚕丝纤维增强复合材料的研究，目前发表 SCI 期刊论文十余篇，主持国家自然科学基金、安徽省教育厅重点项目等课题，2021 年入选安徽省"青年皖江学者"支持计划。

师法自然
——从混乱随机到规则有序的微结构材料

北京航空航天大学交通科学与工程学院

殷 莎

随着交通强国、航天强国等战略的实施，我国未来的交通载运工具将呈现出空地协同的立体化发展模式，先进低空多栖载运平台将在交通、国防军事以及经济发展中发挥重要作用。载运工具呈现的绿色化、电动化、智能化、网联化发展趋势，对兼具轻质高强、高安全、储能等功能的结构功能一体化材料的需求将更加迫切。微结构材料（Microstructure Materials）是通过杆、梁等基元微结构在空间有序排布从而形成的周期性多孔材料。通过微结构设计可调控微结构材料的力学性能或功能特性，微结构材料内部空间也可用来添加额外功能元件，这让其成为当前应用潜力巨大的轻质多功能复合材料之一。例如，早期的点阵桁架材料以及如今引起广泛关注的超材料，都属于微结构材料的研究范畴，有望对未来先进载运工具的更新换代产生颠覆性的影响。那么，如何设计微结构，才能实现这类材料的性能极致化呢？

自然界的奇妙微结构

在大多数人的直觉中，生物材料的组分分布应该是非均匀的，或者是随机的，就像树上的叶子，一大片密密麻麻，毫无规律可言。而事实上，生物材料中会出现许多复杂且玄妙的微结构，且经过上万年的进化呈现出规律的组织排布，为生物材料带来了非同寻常的优异性能。师法自然，对天然生物材料中微结构的认知，将为我们设计工程结构材料提供灵感。下面我们将认识一下在生物材料中观察到的有趣的微结构。

1. 轻质生物材料

（1）植物的轻质骨架——多胞结构。自然界中的植物无法形成类似于脊椎动物的骨骼结构或者节肢动物的外骨骼结构，但仍然能够生长得巨大繁茂。那么，植物是如何利用有限的物质支撑起其硕大身躯的呢？通过观察自然界中植物的微观结构，可发现许多体形庞大的植物器官内具有大量的孔隙，这些孔隙与周边的组织结构组成了特定的形貌。例如，轻木的微观结构看上去像是由一个个空心六边形组合起来的，而植物茎部则像是连接在一起的网络，如图1所示。研究者将这种具有较大孔隙率，并且又通过基体材料紧密连接在一起的结构命名为多胞结构[1]。由于拥有较高的孔隙率，多胞结构往往具有超轻质的特点，并且还能保证一定的刚度与强度。不同的细胞壁与孔隙让多胞结构具有不一样的力学响应，这为轻质结构设计开启了一扇新的大门。

（a）轻木　　　　　　　　　　　（b）植物茎部

图1　自然界中的多胞结构

（2）多层级构造——玻璃海绵。玻璃海绵（Glass Sponge）属于多孔动物门六放海绵纲，是最原始的动物之一，通常生活于深海区域，因在多个尺度上形成的多层级结构与卓越的坚固性而受到工程和材料科学家们的广泛关注。玻璃海绵的主体骨架结构为高度规则的方形网格，并由两组交叉的对角线支柱加强。骨架的组成要素是一种针形的玻璃状骨架元素（针状体），具有蛋白质核心，蛋白质核心周围是交替的同心层的固结二氧化硅纳米颗粒和有机薄夹层（见图2）。针状体的这种层合结构在延迟裂纹扩展和增加屈曲强度方面的效果已得到了证明，具有优异的力学性能[2]。

2. 耐撞生物材料

在自然界"捕猎者"与"猎物"的长期博弈中，生物体利用简单的矿物质与有机质等原材料巧妙地创造出了锋利的"矛"与坚固的"盾"。例如，甲壳类的动物、珍珠母、巨骨舌鱼、穿山甲等都具有高强度、高冲击韧性和高损伤容限的生物盔甲。尽管不同生物体的盔甲材料在结构和组分上有

师法自然——从混乱随机到规则有序的微结构材料

很大差异，但它们有明显的共性，即受到外界冲击时能保持盔甲结构的完整性，进而保护内部器官不受损伤。

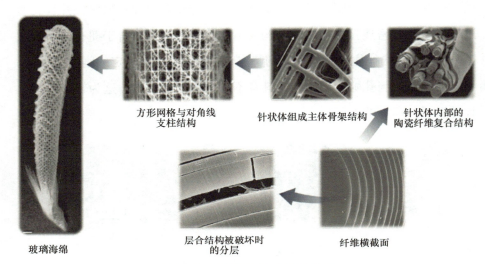

方形网格与对角线　　　针状体组成主体骨架结构　　　针状体内部的
支柱结构　　　　　　　　　　　　　　　　　　　　　陶瓷纤维复合结构

玻璃海绵　　　　　　　层合结构被破坏时　　　纤维横截面
　　　　　　　　　　　　的分层

图 2　玻璃海绵的多层级结构特征

（1）软硬交错结构——珍珠母。珍珠母是一类蚌类软体动物的贝壳，除了外表五光十色外，珍珠母还具有非常强韧的力学性能，依靠这一层坚固的外壳，蚌类软体动物才能在复杂的海洋环境中抵御来自捕猎者的威胁。研究者发现，珍珠母的成分几乎完全是 $CaCO_3$，但珍珠母本身的韧性却是 $CaCO_3$ 的 3000 倍，如此巨大的韧性提升引起了材料领域研究者的广泛关注。沿着层厚方向对珍珠母壳体分解，可以将其分为两个部分，由外至内分别是方解石层和珍珠质层，如图 3 所示。方解石（与后文的文石均为 $CaCO_3$ 的同质多象变体）层比较脆，压痕实验结果可以看到非常明显的放射状裂纹，表明这层结构不具备抑制裂纹扩展的机制，研究者推测方解石层主要是用来对其内部结构进行简单保护，防止尖锐物刺穿，而珍珠母的强韧性应来自于珍珠质层。珍珠质层的主要成分是文石，通过显微镜观测可以发现这些文石呈现出明显的多边形薄片结构，彼此交错堆叠，而堆叠的间隙中则充满了一种有机聚合物成分，文石薄片与有机聚合物形成软硬交错砖泥结构，为珍珠质层带来了优异的抗拉强度及韧性。珍珠质层的增韧机制可从微米与纳米两个尺度认知：在微米尺度上，软硬交错砖泥结构带来的裂纹的偏转、裂纹处文石薄片的塑性变形、文石薄片间的滑移耗散了能量，使得珍珠质层韧性增加；在纳米尺度上，文石薄片表面的突起、薄片之间的矿物质桥连、有机物折叠分子的展开等也进一步提高了结构整体的抗拉强度和韧性[3-4]。珍珠母特殊结构的发现，让研究者意识到利用结构中硬相与软相的有机结合，能够在宏观上实现抗拉强度与韧性的同时提升。

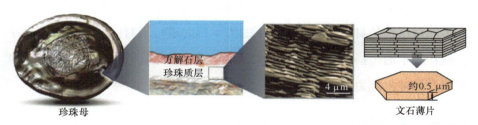

图 3 珍珠母的微观结构

（2）螺旋铺层结构——螳螂虾棒状前肢。螳螂虾是自然界中攻击性强的物种。在捕食猎物时，其棒状前肢能够对猎物施加瞬时（平均约 2.7 ms）强脉冲冲击，冲击速度可达 23 m/s，加速度可达 10^5 m/s^2，峰值载荷可达 40 ~ 150 kg。螳螂虾棒状前肢可以经过上万次的高能冲击而不产生灾难性的失效，具有较好的损伤容限性，其微结构如图 4 所示，整个棒状前肢的横截面根据内部微结构不同可以分为 3 个区域：冲击区域（Impact Region）、周期区域（Period Region）和条纹区域（Straited Region），这种多层级多尺度的多相微结构布局从不同角度提高了结构的抗冲击性能[5]。螳螂虾的冲击区域位于整个棒状前肢的最外侧，具有最高的刚度和抗拉强度，是承受冲击载荷的主要区域。冲击区域的表面包含一种耐冲击涂层，由羟基磷灰石纳米颗粒与有机基质组成，致密堆积的纳米颗粒的平均直径为 64 nm。表面纳米颗粒层可以使前肢在受到冲击时，通过颗粒间的相对运动，促进传递应力的重新分布，以防止前肢被破坏。涂层下方的冲击区域由高度矿化、晶体取向明显的氟化磷灰石-硫酸钙构成，纤维状的几丁质在其中紧密排列，呈现出正弦波纹状铺层的微结构形式，且在厚度方向有横贯的纤维管束，这些管束不仅能起到运输物质的作用，而且对于层间增韧、抑制分层也起着重要作用[6]。我们课题组在螳螂虾棒状前肢的周期区域中，发现纤维除呈螺旋结构排布外，还存在较多以往被忽视的天然孔隙；基于熔融沉积的纤维复合材料3D打印技术来仿造这种孔隙并揭示了孔隙的增韧作用，进而指出对制造缺陷/孔隙微结构加以调控可实现工程材料的增韧。进一步地，我们课题组对含冲击区域与周期区域这两类不同微结构的材料在高应变率下的力学行为进行了对比实验，并通过冲击波在其中的传播行为揭示了正弦波纹状铺层和螺旋结构排布两类微结构对提升抗冲击能力的不同作用[7]。

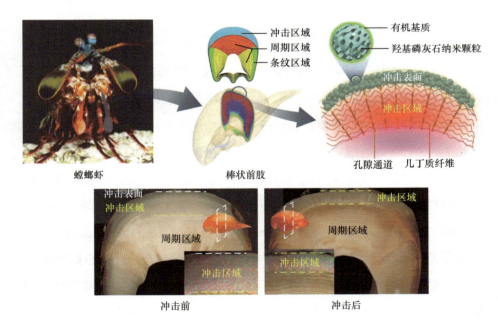

图4 螳螂虾棒状前肢的微结构

另外，腔棘鱼也具有极强的抵御捕猎者攻击的能力。研究表明，腔棘鱼的鳞片内部是胶原蛋白组织形成的内骨层——紧密结合成束的胶原蛋白纤维呈正交双螺旋方式作为增强体排布于基体中。表面的矿物质薄层起到了防止被穿刺的作用，而具有较好延展性的内部的胶原蛋白组织起到了局限化外层裂纹、防止失效性变形的作用。通过对单向拉伸后的生物材料进行扫描电子显微镜（SEM）和 X 射线小角衍射观察，可发现鳞片中的正交双螺旋结构和沿厚度方向的层间纤维是增强鳞片韧性的关键。随着外载荷的增加，胶原蛋白纤维被不停拉伸，表层的矿物质薄层可以承受剪切并阻止外层裂纹的扩展。在较小的拉伸应变下，层间纤维可以防止分层；而在较大的应变下，束间纤维会产生应力集中，使纤维方向逐渐转向单向拉伸方向以增强韧性[8]。我们课题组将这一特殊的微结构引入工程复合材料的铺层中，发现按照双螺旋的方式进行连续纤维复合材料片层的铺放，比当前工程中常用铺层以及单螺旋铺层方式所形成的复合材料层合板的冲击韧性要高，这是因为前者的冲击失效模式更为复杂，能够吸收更多的冲击能量[9]。

除此之外，自然界的生物材料中还有很多复杂精妙的微结构形式，师法自然，通过对天然生物材料的认知，将为人工微结构材料的研究及应用提供极为重要的设计灵感。

仿生微结构材料

1. 轻如鸿毛的点阵材料

点阵材料由模仿晶体材料中的点阵构型制得[10-11]，最早研究的点阵材料以经典的晶格构型，如面心立方（FCC）、体心立方（BCC）等为主。这类新型材料具有高孔隙率和微结构有序的特点，根据微结构形式不同，点阵材料在承受载荷时会呈现出拉压或弯曲的不同变形模式。例如，八面体型的点阵材料在受压时，杆件会呈现出拉压受力状态，而 Kelvin 型泡沫则呈现出杆件屈曲，因此分别被视为拉伸主导型及弯曲主导型的微结构材料，如图 5 所示 [12]。英国剑桥大学的科学家已经证实，这一特性与晶胞中节点数、节点处杆件数存在定量关系。合理的设计可以使点阵材料能够在相同质量下比泡沫材料的力学性能更加优异 [13]。

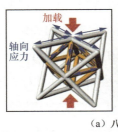
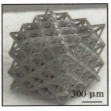

（a）八面体型的点阵材料（拉伸主导）

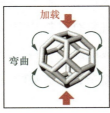

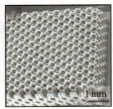

（b）Kelvin 型泡沫（弯曲主导）

图 5　不同变形模式的点阵材料

为了实现极致的轻量化，可通过不同的制备方法得到空心薄膜形成的点阵材料，如金属空心点阵材料、纤维增强空心点阵复合材料以及微纳米空心点阵材料。其中，由美国休斯研究实验室发明的自蔓延光敏聚合物波导法，可制备得到聚合物微米点阵材料，在其表面镀膜后再将聚合物去除，即形成空心薄膜包络成的三维网络 [14]。其中，金属镍空心微点阵材料由质量分数为 0.01% 的固体和质量分数为 99.99% 的空气组成，密度仅为 0.9 mg/cm³，比之前世界上最轻的材料——硅土气凝胶（密度为 1 mg/cm³）还轻，故而被称为世界上最轻的材料，这项成果发表在 *Science* 杂志上 [15]。图 6 所示的就是置于蒲公英花朵上的金属镍空心微点阵材料，其超轻质的特性使得蒲公英花朵上的绒毛没有发生弯曲变形，该图被 *Nature* 杂志选为 2011 年的年度照片。另外，将这类金属空心点阵材料体积压缩 98% 后再松开，发现材料可以恢复到原来的形状，这种超弹性使其兼备极高的能量吸收能力。

图 6　金属镍空心微点阵材料 [14-15]

　　我们课题组结合纤维复合材料自身的优势，率先设计制备得到超轻质空心点阵结构碳纤维复合材料，芯材孔隙率大于 95%，且在同等质量下可承受的载荷（比强度）比前述的金属镍空心微点阵材料更高[16]。超轻质微结构材料（相对密度 >90%）在受压时其基元杆件极易发生屈曲而失去承载能力，通过多层级仿生构造，可进一步降低材料质量同时提升其抗屈曲能力。我们课题组通过将任意变形机制的微结构在不同尺度混杂，进而形成多层级点阵材料的设计方法，建立了其力学性能与不同层级上关键几何参数的关联关系，有效解决了极致轻量化与强度之间的矛盾，大大丰富了点阵材料的微结构设计库。另外，我们课题组还发现多层级点阵复合材料的变形机制主要依赖于宏观尺度上的拓扑微结构形式；自相似多层级点阵材料存在强度上下限，因此其构筑（见图 7）必须经过严密的设计才能表现出比普通点阵材料具有更加优异的力学性能，我们课题组还把这种分析方法向任意微结构构成的任意层级上进行了推广 [17-18]。

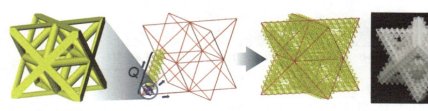

单层级点阵　　　　　　　　　　　　　　　　　　多层级点阵

图 7　自相似多层级点阵材料的构筑

2. 耐撞微结构材料

生物材料中的精妙微结构所带来的抗冲击特性，打破了传统工程材料抗拉强度与韧性无法同时兼顾的固有认知，吸引了越来越多的科研人员开展师法自然的仿生工程材料构筑。众所周知，玻璃是非常典型的脆性材料，研究者基于珍珠母中的砖泥结构形式，将玻璃切割成一个个的小块儿，再通过透明聚合物黏合在一起，从而得到一类仿珍珠母的耐撞玻璃［见图 8（a）］。此仿珍珠母玻璃在保证抗拉强度、刚度与透明度的同时，其冲击韧性是普通强化玻璃的 2 ～ 3 倍。在冲击载荷的作用下，仿珍珠母玻璃产生的破坏裂纹会被控制在较小的区域内，而不会如普通强化玻璃般扩展到整个玻璃［见图 8(b)］。同样地，将陶瓷、水泥、陶土等脆性材料制成薄片状的瓦片，与砂浆、聚合物等韧性较好材料仿照珍珠母中的砖泥结构特点垒叠起来，所得到的多层级材料［见图 8(c)］在子弹、落锤等冲击载荷作用下，展现出了优异的抗冲击防护作用[19-20]。

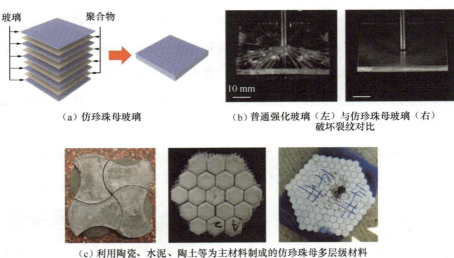

（a）仿珍珠母玻璃　　（b）普通强化玻璃（左）与仿珍珠母玻璃（右）破坏裂纹对比

（c）利用陶瓷、水泥、陶土等为主材料制成的仿珍珠母多层级材料

图 8　仿珍珠母工程材料

我们课题组通过借鉴生物材料中的软硬双相微结构布局，提出了点阵力学超材料的仿生多相设计新策略。利用点阵材料自身微结构的可调属性，我

们课题组设计了力学性能较弱与较强的两种点阵材料分别作为"基体相"与"增强相"，并按照特定的微结构仿生布局，将增强相填充至基体相中从而形成双相点阵力学超材料，如图 9 所示。研究发现，这类力学超材料在受力时会沿软相产生明显的应力集中，因此剪切带的分布可根据多相的空间布局而得以调控，且根据材料的属性不同，在硬相与软相间发生明显的"相界滑移"，使得这类材料的强度、韧性以及能量吸收特性同时大幅提升[21]。与以往常见的软硬双材料体系研究策略不同，该方法单纯通过结构来调控不同相的力学性能，且可通过任意单材料体系的普通 3D 打印方法制得。此外，我们还基于蜂窝与空心点阵的仿生混杂设计，制得了一种新型蜂窝材料（命名为 Honeytube），其能量吸收特性也可远高于蜂窝及空心点阵复合材料[22]。

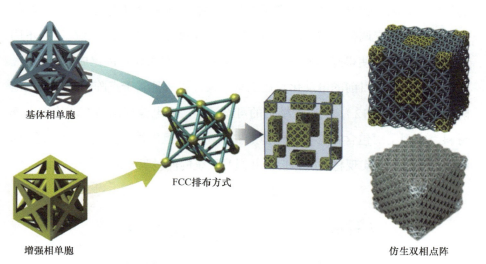

基体相单胞

增强相单胞

FCC排布方式

仿生双相点阵

图 9　双相点阵力学超材料

3. 智能微结构材料

　　智能微结构材料可通过微结构的设计以及母体材料的选择实现材料的自驱动、大变形等智能特性。例如，由两种稳定状态倾斜梁结构构成的双稳态材料具有非同寻常的泊松比效应，在稳定变形过程中可捕获弹性变形能，且可通过外部输入能量恢复至初始形状，利用变形形式及材料内部多个胞元的空间排布与组合，即可实现双稳态材料多种特定的变形模式调控，有望用于飞行器变体技术研究中。同时，将形状记忆聚合物与多稳态材料相结合，利用软硬相交替设计，硬相作为骨架结构、软相进行调控，可实现结构的自适应调节，如图 10 所示[23]。

图 10　基于多稳态材料实现结构的自适应调节

另外，受隐身衣启发，通过微结构的设计可以得到一种可操纵物体周围弹性反应的材料，达到在力学响应场隐身的目的。利用大型单元数据库创建的可屏蔽缺陷的超材料"力学隐形衣"，如图 11 所示，可实现对内含孔洞的材料的应力应变调整。该方法可制备适应不同边界条件、不同载荷以及不同环境的隐形衣，使得隐形衣的拓扑结构和属性分布的并行优化成为可能[24]。我们课题组针对目前的电动化载运工具，设计了一种基于点阵超材料的电池防护系统（见图 12），利用微结构的可设计性，在电池周围填充非均匀点阵材料，实现了对包含在其中的电池的安全防护，且电池短路被大大延迟；同时，电池也可以实现材料的强韧性并提升系统的能量吸收能力[25]。

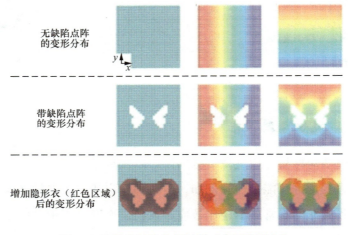

图 11　可屏蔽缺陷的超材料"力学隐形衣"

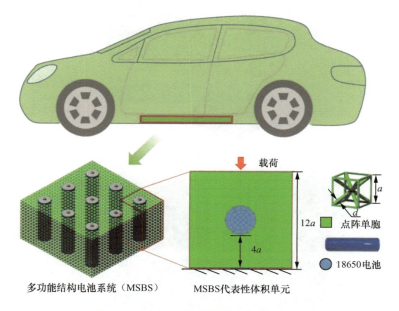

多功能结构电池系统（MSBS）　　MSBS代表性体积单元

载荷

12a

4a

点阵单胞

18650电池

a

d

图 12　基于点阵超材料的电池防护系统

微结构材料在先进载运工具中的应用

　　以点阵材料为代表的微结构材料，在轻质多功能方面表现出极强的可设计性，被富有创造力的科学家与工程师们运用在汽车、航空航天领域的多种载运工具零部件中。丰田公司与 3D 打印公司 Materialise 合作设计了一款全点阵的座椅，首先基于拓扑优化得到座椅最佳的密度分布，接着通过 Mimics 软件对不同区域进行优化设计，最终通过 3D 打印制备得到具有高散热性的全点阵轻量化概念座椅（见图 13），增强了汽车座椅的舒适性与安全性。为避免车辆轮胎因为承受可能存在的反复撞击爆胎而丧失通过性的问题，基于微结构材料的非充气轮胎[26]目前已被应用在军事车辆中。同时，基于折纸微结构的可变直径车轮（见图 14）能适应复杂路面环境，可用于我国的深空探测车辆中[27]。

师法自然——从混乱随机到规则有序的微结构材料

图 13　全点阵轻量化概念座椅

液压线性作动器
（驱动轮胎变形）

电池、控制器

电机
（驱动轮胎转动）

图 14　基于折纸微结构的可变直径车轮

　　美国国家航空航天局与麻省理工学院的科研人员合作，设计了基于点阵材料的可变形飞翼无人机（见图 15）。其中，八面体点阵单胞在节点处通过螺栓连接到一起，进而扩展成大尺寸机翼骨架，表面包覆蒙皮后组成最终的无人机。借由合理的点阵结构设计，机翼骨架能够产生较大的弹性变形，并在电机驱动下产生明显且可恢复的扭转和弯曲变形，实现可变体机翼的变形控制[28]。

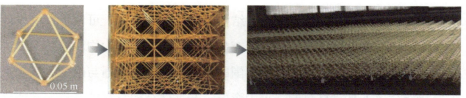

（a）八面体点阵单胞组装为大尺寸机翼骨架

（b）飞翼无人机

图15 基于点阵材料的可变形飞翼无人机

我们课题组于 2020 年设计出了一款基于点阵基元可逆组装的飞行赛车车身，整个车身包含近 2000 个八面体点阵单胞，车体长约 1.7 m，宽约 0.6 m，翼展约 1.6 m，质量却仅有 1.9 kg，与一台笔记本计算机相当。为实现如此大尺寸点阵结构的制造，我们课题组对其易拼装的基元结构开展了大量设计，提出了一种带仿生接头的可拼装点阵单胞，通过类似积木插接的方式实现了快速组装制造，而不需要额外的连接零件，进一步提升了车身轻量化，在参加 2021 年上海国际车展后引起广泛关注。

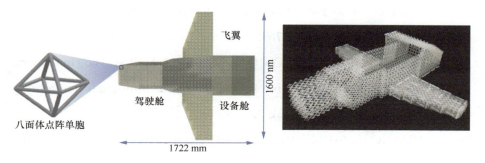

图16 基于点阵基元可逆组装的飞行赛车车身

师法自然——从混乱随机到规则有序的微结构材料

结语

　　师法自然，开展天然材料的微结构与性能关系探究，可以为我们设计人造微结构材料提供灵感，让我们充分认识到微结构作为物质的基本组成元素，给材料、工程结构及我们周围的一切所带来的机遇与改变。以未来多栖智能载运工具对材料的需求为牵引，开展微结构材料的轻质多功能化设计，将有可能改变载运工具的形态，促进我国空中载运工具的技术更新，支撑交通强国、航天航空强国建设。

参考文献

[1]　　GIBSON L J. Biomechanics of cellular solids[J]. Journal of Biomechanics, 2005, 38(3): 377-399.

[2]　　AIZENBERG J, WEAVER J C, THANAWALA M S, et al. Skeleton of euplectella sp.: structural hierarchy from the nanoscale to the macroscale[J]. Science, 2005, 309(5732): 275-278.

[3]　　LI X D, CHANG W C, CHAO Y J, et al. Nanoscale structural and mechanical characterization of a natural nanocomposite material: The shell of red abalone[J]. Nano Letters, 2004, 4(4): 613-617.

[4]　　SMITH B L, SCHäFFER T E, VIANI M, et al. Molecular mechanistic origin of the toughness of natural adhesives, fibres and composites[J]. Nature, 1999(399): 761-763.

[5]　　WEAVER J C, MILLIRON G W, MISEREZ A, et al. The stomatopod dactyl club: a formidable damage-tolerant biological hammer[J]. Science, 2012, 336(6086): 1275-1280.

[6]　　HUANG W, SHISHEHBOR M, GUARÍN-ZAPAT N, et al. A natural impact-resistant bicontinuous composite nanoparticle coating[J].

Nature Materials, 2020, 19(11): 1236-1243.

[7]　CHEN D, YANG R, GUO W, et al. Defense mechanism of bioinspired composites with sinusoidally periodic helicoidal fiber architectures[J]. Journal of Aerospace Engineering, 2022,35(5). DOI: 10.1061/(ASCE) AS.1943-5525.0001450.

[8]　QUAN H, YANG W, SCHAIBLE E, et al. Novel defense mechanisms in the armor of the scales of the "living fossil" coelacanth fish[J]. Advanced Functional Materials, 2018,28(46). DOI: 10.1002/adfm. 201804237.

[9]　YIN S, YANG R, HUANG Y, et al. Toughening mechanism of coelacanth-fish-inspired double-helicoidal composites[J]. Composites Science and Technology, 2021(205). DOI: 10.1016/j.compscitech.2021.108650.

[10]　FLECK N A, DESHPANDE V S, ASHBY M F. Micro-architectured materials: past, present and future[J]. Proceedings of the Royal Society a-Mathematical Physical and Engineering Sciences, 2010, 466(2121): 2495-2516.

[11]　卢天健, 何德坪, 陈常青, 等. 超轻多孔金属材料的多功能特性及应用 [J]. 力学进展, 2006(4): 517-535.

[12]　ZHENG X, LEE H, WEISGRABER T H, et al. Ultralight, ultrastiff mechanical metamaterials[J]. Science, 2014, 344(6190): 1373-1377.

[13]　DESHPANDE V S, ASHBY M F, FLECK N A. Foam topology bending versus stretching dominated architectures[J]. Acta Materialia, 2001, 49(6): 1035-1040.

[14]　MALONEY K J, ROPER C S, JACOBSEN A J, et al. Microlattices as architected thin films: analysis of mechanical properties and high strain elastic recovery[J]. APL Materials, 2013, 1(2). DOI:

10.1063/1.4818168.

[15]   SCHAEDLER T A, JACOBSEN A J, TORRENTS A, et al. Ultralight metallic microlattices[J]. Science, 2011, 334(6058): 962-965.

[16]   YIN S, WU L, MA L, et al. Pyramidal lattice sandwich structures with hollow composite trusses[J]. Composite Structures, 2011, 93(12): 3104-3111.

[17]   YIN S, LI J, CHEN H, et al. Design and strengthening mechanisms in hierarchical architected materials processed using additive manufacturing[J]. International Journal of Mechanical Sciences, 2018(149): 150-163.

[18]   YIN S, CHEN H, LI J, et al. Effects of architecture level on mechanical properties of hierarchical lattice materials[J]. International Journal of Mechanical Sciences, 2019(157): 282-292.

[19]   REZAEE JAVAN A, SEIFI H, XU S, et al. The impact behaviour of plate-like assemblies made of new interlocking bricks: An experimental study[J]. Materials & Design, 2017(134): 361-373.

[20]   SUN Y, YU Z, WANG Z.Bioinspired design of building materials for blast and ballistic protection[J].Advances in Civil Engineering, 2016. DOI: 10.1155/2016/5840176.

[21]   YIN S, GUO W, WANG H, et al. Strong and tough bioinspired additive-manufactured dual-phase mechanical metamaterial composites[J]. Journal of the Mechanics and Physics of Solids, 2021(149). DOI: 10.1016/j.jmps.2021.104341.

[22]   YIN S, LI J, LIU B, et al. Honeytubes: Hollow lattice truss reinforced honeycombs for crushing protection[J]. Composite Structures, 2017(160): 1147-1154.

[23]   WANG J, LIU X, YANG Q, et al. A novel programmable composite

metamaterial with tunable poisson's ratio and bandgap based on multi-stable switching[J]. Composites Science And Technology, 2022(219). DOI: 10.1016/j.compscitech.2021.109245.

[24] WANG L, BODDAPATI J, LIU K, et al. Mechanical cloak via data-driven aperiodic metamaterial design[J]. Proceedings of the National Academy of Sciences of the United States of America, 2022,119(13). DOI: 10.48550/arXiv.2107.13147.

[25] HUANG Y, GUO W, JIA J, et al. Novel lightweight and protective battery system based on mechanical metamaterials[J]. Acta Mechanica Solida Sinica, 2021(6): 862-971.

[26] JU J, KIM D-M, KIM K. Flexible cellular solid spokes of a non-pneumatic tire[J]. Composite Structures, 2012,94(8): 2285-2295.

[27] LEE D Y, KIM J K, SOHN C Y, et al. High-load capacity origami transformable wheel[J]. Science Robotics, 2021,6(53). DOI: 10.1126/scirobotics.abe02.

[28] CRAMER N B, CELLUCCI D W, FORMOSO O B, et al. Elastic shape morphing of ultralight structures by programmable assembly[J]. Smart Materials and Structures, 2019,28(5). DOI: 10.1088/1361-665X/ab0ea2.

师法自然——从混乱随机到规则有序的微结构材料

殷莎，北京航空航天大学交通科学与工程学院副教授、博士生导师。研究方向为轻质多功能复合材料的仿生设计、智造及应用。主持国家自然科学基金、国家／国防重点实验室开放基金、航空航天院所项目多项，并与汽车内饰行业上市公司建立联合实验室开展产学研合作研究。近年来发表 SCI 检索论文 50 余篇，被引用 1700 余次，H 因子为 25，授权国家发明专利 12 项。入选中国科协青年人才托举工程，兼任美国 ASME 多功能材料专业委员会、工程材料设计专业委员会委员，中国复合材料学会车辆工程复合材料专业委员会委员、青年工作委员会执行委员。

有机太阳能电池
——探秘高效聚合物给体材料的设计思路

北京航空航天大学化学学院

霍利军

　　契诃夫说："科学是人们生活中最重要、最美好和最需要的东西。"从"一键知天下"的网上冲浪，到"一网打尽"的手机购物；从"冷暖自控"的空调，到"一键升降"的电梯，科技使我们的生活变得更加便利，娱乐方式更加多样，而这一切都离不开电能的利用。日新月异的科技进步，让电能的需求更大，随之带来的是不可再生资源的枯竭。因此，寻找新能源来代替传统能源，是现在科学研究的重要课题[1]。提起新能源，相信大家首先会想到太阳能。目前，太阳能的应用已经深入千家万户，例如，利用光热转化原理生产的太阳能热水器，采用光电转化原理制备的太阳能电池板。但大家是否知道，太阳能电池其实有很多种，不同太阳能电池的性能都有所区别呢？本文主要围绕有机太阳能电池进行介绍。

太阳能电池的分类

　　大家对日常生活中的常规太阳能电池板（见图1）应该都不陌生。一个合格的太阳能电池板并不是一块单独的太阳能电池，而是多块太阳能电池经过串联后进行封装后形成的大面积太阳能电池组件。现在，一块合格的晶硅太阳能电池可以实现超过25%的光电转换效率，因此，太阳能电池在世界范围内已经被广泛使用。不过，太阳能电池并不只有晶硅太阳能电池这一种，事实上，太阳能电池的发展已经经历了三代。第一代是晶硅太阳能电池，其优点是较高的光电转换效率和较高的稳定性，并且晶硅板的制作原材料储备丰富。但这类电池的刚性过强，难以开发柔性的太阳能电池器件，生产出的成品质量过大，生产过程还伴随着高污染，从而限制了其应用。第二代太阳能电池是无机半导体太阳能电池，虽然其光电转换效率也足够高，但其生产原材料，如碲化镉、砷化镓等都含有昂贵的重金属，且伴随着剧毒的副产物，因此这类太阳能电池也难以大规模推广。第三代太阳能电池包括染料敏化太阳能电池、钙钛矿太阳能电池以及有机太阳能电池，这代电池具有制作成本低、可制成柔性器件、质量小等优点。

其中，有机太阳能电池具有原料来源丰富、材料光电性质可调、器件容易加工等优势，吸引了研究人员的广泛关注。

图 1　晶硅太阳能电池

有机太阳能电池的结构和工作原理

如图 2 所示，有机太阳能电池通常由透明基材（玻璃或 PET）、氧化铟锡（ITO）透明电极、界面修饰层、活性层（给体与受体共混）和金属电极组成。其发电原理如下 [2]：光照产生的能量使活性层中的材料生成激子（Ⅰ）；激子在材料内部扩散至给/受体界面处进行激子拆分（Ⅱ）；激子分离后形成自由的电子和空穴，电子和空穴会在内部电场作用下分别迁移至阴阳两极（Ⅲ），最终到达电极处，形成电流。值得注意的是，激子产生和分离的位置均在活性层，界面修饰层的存在是为了辅助激子分离后产生的空穴和电子有效分离至两头的电极。因此，活性层材料的好坏是决定有机太阳能电池性能高低的基础，也是有机太阳能电池研究的重点。

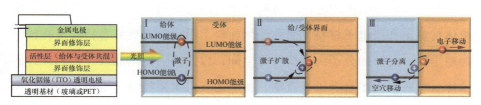

图 2　有机太阳能电池的结构和发电原理

有机太阳能电池的性能参数

有机太阳能电池的性能参数主要包括光电转换效率（η）、短路电流密度（J_{SC}）、开路电压（V_{OC}）和填充因子（F_F）等。前面我们已经提到了太阳能电池的光电转换效率，那么这个光电转换效率到底是什么呢？其实很简单，它就是太阳能电池器件把太阳能转为电能的一种能力，其计算公式为：$\eta = V_{OC} \times J_{SC} \times F_F / P_{in}$[3-5]。可见，要想提高有机太阳能电池的光电转换效率，在入射光功率（P_{in}）保持不变的情况下，只需提高公式中短路电流密度（J_{SC}）、开路电压（V_{OC}）和填充因子（F_F）即可。一般来讲，短路电流密度、开路电压、填充因子等有机太阳能电池的性能参数与聚合物给体材料的关键性能，如光谱吸收范围、分子能级、电荷迁移率、微观形貌等有关。故理论上可通过优化聚合物给体材料的结构来提升聚合物给体材料的关键性能，从而提高有机太阳能电池的光电转换效率，如图 3 所示。但目前来讲这还是一个难点。

图 3　优化聚合物给体材料结构可提高有机太阳能电池的光电转换效率

有机太阳能电池中的活性层材料

有机太阳能电池的活性层材料通常由两类材料，即给电子材料（简称给体材料）和吸电子材料（简称受体材料）组成。有机聚合物通常有较好的稳定性，足够的分子内电荷转移空间，以及合适的结晶性，因此优秀的给体材料现在大多是有机聚合物，相应的有机太阳能电池也被称为聚合物太阳能电池。对于受体材料来说，其发展阶段分为两个时期。在聚合物太阳能电池的发展初期，科学家们选择富勒烯衍生物作为受体材料，随着给体材料的调配以及富勒烯材料结构的优化，使用富勒烯衍生物作为受体材料制备的聚合物太阳能电池也能实现超过 10% 的光电转换效率[6-7]。但富勒烯衍生物的成本较高，结构调整比较困难，且溶解性不够好，吸光范围较难调整，限制了聚合物太阳能电池的进一步发展。随后，科学家开始致力于研究非富勒烯受体材料。2015 年，北京大学的占肖卫教授开发出了基于引达省的非富勒烯小分子受体，基于该受体的太阳能电池无论合成难度还是光电性能都优于富勒烯体系的太阳能电池，现今基于该结构的单层有机太阳能电池的光电转换效率已突破 15%[8-10]。在 2019 年，中南大学的邹应萍教授合成出了具有 Y 型结构的 Y6 受体材料，基于 Y6 受体材料结构初步优化后的太阳能电池实现了 15.6% 的光电转换效率[11]。近几年，研究人员对 Y6 受体材料的结构进行了进一步优化，基于 Y6 衍生物作为受体的太阳能电池已经实现了超过 19% 的光电转换效率[12-13]。因此，非富勒烯材料的应用使聚合物太阳能电池得到了进一步发展，寻找与之合理搭配的聚合物给体材料就显得尤为重要。

如何设计与开发高性能聚合物给体材料

设计一个拥有高性能的聚合物给体材料离不开聚合物的几个关键要素：合适的光谱吸收范围和分子能级，高的电荷迁移率，以及能够形成理想微观形貌的良好结晶性。要提高太阳能电池器件光电转换效率，就要提高聚合物给体材料的关键性能。

首先，聚合物给体材料的光谱吸收范围能显著影响太阳能电池器件的电流，主要归因于短路电流密度通常由太阳光照射活性层后，被吸收的光子产生的激子数目决定。因此，为了产生更多的激子，聚合物给体材料对太阳光应该具有广阔的光谱吸收范围。为了增加聚合物给体材料的光谱吸收范围，科学家通常采用缺电子单元 - 富电子单元策略（D-A 结构）来设

有机太阳能电池——探秘高效聚合物给体材料的设计思路

计聚合物给体材料分子结构，促进分子内电荷迁移，实现聚合物给体材料吸收带的调节[14-15]。同时，通过聚合物给体材料的结构优化来调节材料的堆积性能，将大大提高材料的电荷迁移率，也能显著提高短路电流密度。其次，开路电压的大小由聚合物给体材料的最高占据分子轨道（HOMO）能级与受体材料最低未占分子轨道（LUMO）能级之差决定。通过分子结构设计可以显著调节聚合物给体材料的 HOMO 能级，但考虑到电子在各能级跃迁过程中都会有各种能量损失的路径存在，故有机太阳能电池的开路电压会小于理论计算数值。如何减少能量损失也是当今有机太阳能电池的研究热点之一。最后，我们来看填充因子，填充因子为实际恒定输出的能量与最大输出能量之间的比例，填充因子也是评判一个有机太阳能电池器件性能优劣的重要标准。填充因子与活性层的形貌有着密不可分的关联，通过分子设计改善聚合物给体材料的堆积性能，可以显著提高填充因子。当我们把这些性能的影响因素归纳一下就会发现，光谱吸收范围和分子能级主要由分子结构决定，电荷迁移率和微观形貌则是由聚集态分子链决定的。因此，提高有机太阳能电池光电转换效率的关键是对分子结构和聚集态分子链进行协同调制，以同时提高聚合物给体材料的关键性能。

在影响有机太阳能电池光电转换效率的关键因素中，有一个聚合物给体材料的关键性能可以被分子结构和聚集态分子链同时影响，那就是聚合物给体材料的电荷迁移率。因此，我们课题组以调节聚合物给体材料的电荷迁移率为切入点，在提高电荷迁移率的同时，实现对光谱吸收范围、分子能级以及微观形貌的协同调控。下面就从 4 个方面来介绍高性能聚合物给体材料的设计思路。

1. 扩展聚合物给体材料分子的共轭体系以提升有机太阳能电池器件性能

增加分子的共轭程度能显著调节聚合物给体材料分子内部的电子离域能力，从而协同影响聚合物给体材料的光谱吸收范围和分子能级。此外，共轭程度的增加会提高聚合物给体材料分子结构的刚性和平面性，聚合物给体材料分子间的堆积性能也会得到改善。从材料结构来分，聚合物给体材料的共轭调节可以分为侧链共轭的延长、主链给电子共轭单元的延长和主链吸电子共轭单元的延长。

有机太阳能电池研究初期的聚合物给体材料一般是一维聚合物，即侧链是一维的烷基侧链。虽然这类聚合物给体材料的合成方法简单，但材料堆积较为无序，导致材料的电荷迁移率普遍较低，因此有机太阳能电池器件性能较差。研究者从一维的侧链找到突破口，将二维共轭单元引入供电子单元侧链上，进一步提高聚合物给体材料分子的共轭程度，从而提高了电荷迁移率及光电转换效率。在初步观察到二维聚合物给体材料在提高有机太阳能电池性能的优势后，研究者又考虑可以通过共轭侧链来调整分子的平面性，进一步优化二维聚合物给体材料的堆积性能。在这里我们可以做一个类比，一维聚合物就像一根线，二维聚合物在扩展侧链后变得更像一张纸，一堆纸跟一堆线放在一起比较，显然是平面的材料有更规则的堆积趋势，各种相关性能都在提高，电荷迁移率提高两个数量级，光电转换效率提高了约20%。在之后的研究中，研究者在不同的结构体系中应用了这种二维共轭的分子设计思想，发现二维共轭分子优化后的材料的有机太阳能电池的光电转换效率都普遍提升，说明了这种分子设计思想的广泛适用性。从图4所示的柱状图可直观看到，在引入二维共轭分子后，二维聚合物给体材料的电荷迁移率、填充因子、能量转换效率都显著提升。直到现在，聚合物给体材料的设计仍以二维侧链为主[16-20]。

除了侧链共轭的延长可以提高聚合物给体材料的电荷迁移率，通过延长主链给电子共轭单元和吸电子共轭单元也能达到相似效果。我们分别各拿一组材料进行举例。（1）延长给电子共轭单元长度：研究人员曾经将苯并二噻吩（BDT）单元两侧进一步稠合噻吩环，合成出二噻吩苯并二噻吩单元（DTBDT），延长了给电子共轭单元核心的共轭程度（见图5）。通过研究发现，基于DTBDT的聚合物给体材料也具有较高的电荷迁移率。

2015 年，基于该材料的有机太阳能电池器件的光电转换效率高达 9.74%，为目前世界上报道的基于富勒烯体系的宽带隙聚合物的较高转换效率[21]。

（2）延长吸电子共轭单元长度：并噻吩（TT）单元是之前应用最为广泛的缺电子单元，基于它的研究基本都集中在官能团的修饰[22]。研究者通过设计成功合成出二维共轭的稠环受体三噻吩（DTT）单元。相对 TT 单元，DTT 单元在缺电子单元的垂直方向形成了二维共轭结构。π 共轭平面增大，分子的有序 π-π 堆积明显增强，使得有机太阳能电池器件的性能显著提高。相关研究表明，无论是使用富勒烯材料（PC$_{71}$BM）还是非富勒烯材料（IDTPTC）作为受体，基于 DTT 的聚合物分子 PDBT-DTT 比基于 TT 的聚合物分子 PDBT-TT 的开路电压和短路电流密度有明显提高，光电转换效率能提高 2 倍以上。

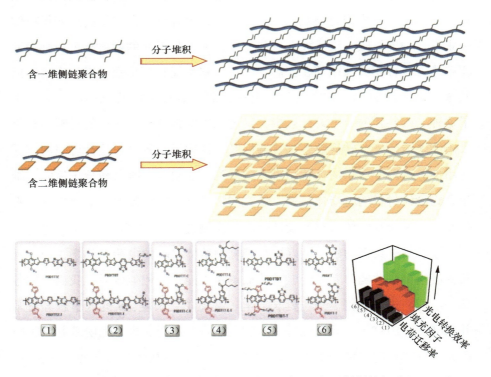

图 4　一维聚合物与二维聚合物的堆积方式以及相关材料性能对比

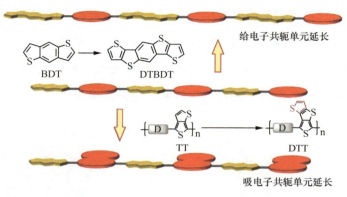

给电子共轭单元延长

吸电子共轭单元延长

图 5　聚合物主链中给、吸电子共轭单元延长

2. 提高聚合物给体材料分子平面性以提升有机太阳能电池器件性能

　　聚合物给体材料分子的平面性的提高可以减少分子间的堆积距离，显著提升分子的聚集行为，促进形成合适的结晶性，从而提高聚合物给体材料的电荷迁移率。这一特点可能会让人产生疑惑，为什么减少分子间的距离就能促进电荷迁移率的提升呢？其实这个问题很简单，当聚合物给体材料分子堆积更加紧密的时候，分子之间的电荷迁移就会更加容易，从而显著提高电荷迁移率，那如何才能增加聚合物给体材料分子平面性呢？

　　呋喃类有机材料此时就进入了研究者的视野。从结构来看，呋喃跟噻吩都是不饱和的五元环，其结构差异在于呋喃包含氧原子，而噻吩包含的是硫原子，但大家都知道，氧原子和硫原子在同一主族，因此它们必然有很多相似的性质。图 6 所示总结了呋喃类有机材料的一些特性[23]。其中，呋喃类材料本身拥有好的溶解性、好的平面性、较强的醌式结构以及优良的荧光特性；氧原子处于硫原子的上一周期，因此呋喃中的氧原子有比硫原子更高的电负性，增大了呋喃类有机材料的能级调节空间；同时，氧原子的原子序数比硫原子的原子序数小，其原子半径也必然小，这带来的是呋喃单元比噻吩单元有更小的空间位阻，从而使呋喃类有机材料有更好的堆积性。而且，过去的研究者已经发现，呋喃有好的共轭体系，相应的呋喃有机材料会有较高的电荷迁移率。更重要的是，呋喃类的单体可以从蔬菜、废弃食物中提取，且可以生物降解，而噻吩类原料是石油化工的产物。因此，呋喃类材料作为一种可再生资源，更好地满足了绿色能源的要求。

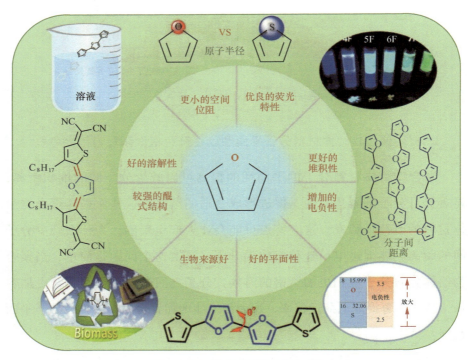

图 6　呋喃类材料的优秀特性[23]

　　为此，研究者合成了一种基于呋喃衍生物的聚合物给体材料 PBDF-T1 以及另一种基于噻吩衍生物的聚合物给体材料 PBDT-T1。与 PBDT-T1 相比，PBDF-T1 表现出更优秀的分子堆积能力，从而能产生更高的电荷迁移率。因此，基于 PBDF-T1 的有机太阳能电池器件比基于 PBDF-T1 的有机太阳能电池器件的光电转换效率提高了 16%，达到 9.43%。由此可见，提高聚合物给体材料平面性拥有足够的潜力来发展高性能聚合物太阳能电池。

3. 实现聚合物给体材料的直链型链构型以提升有机太阳能电池器件性能

在日常生活中，你是否观察过母亲在家整理织毛衣的毛线。买来的毛线一般都比较乱，在织毛衣之前，母亲会把毛线缠成一个个整齐的毛线球。这就很好地帮我们理解，弯曲的、混乱的线会堆积成无序状态，而有序的线球需要将线拉到平直后才更容易收纳。将这个现象类比到我们的聚合物给体材料，如图 7 所示，如果一条聚合物链是弯曲的，那么它形成的聚集态就比较混乱，也就是无序程度较高，分子间传输的电荷的方向也会像无头苍蝇一样无序；如果这条聚合物链趋向于线性，那么它形成的聚集态的有序度会提高，分子间电荷传输就会更有趋向性。

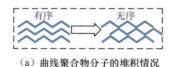 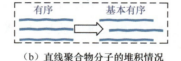

（a）曲线聚合物分子的堆积情况　　（b）直线聚合物分子的堆积情况

图 7　不同聚合物构型的分子堆积情况

因此，研究者就设想直线型分子或许有利于形成有序的链间堆积，并开展了一系列实验来验证这个想法。研究者将 BDT 和 DTBDT 这两个分子的构型做了比较清晰的对照，设计了图 8 所示的两个非常相似的聚合物分子 PBDTTT-S-T 和 PDT-S-T[24]。从理论计算来看，拥有更长线性度的 DTBDT 单元与相邻分子的夹角只有 10°，而 BDT 单元夹角明显更大，这说明后者的主链线性程度更高。从测试来看，平直的 DTBDT 类聚合物比 BDT 类聚合物的电荷迁移率高一个数量级，基于 DTBDT 类聚合物的太阳电能的光电转换效率提升了 30% 以上。

$R_1 = 2-$乙基己基
$R_2 = 2-$己基癸醇

PBDTTT-S-T → 骨架构象 → PDT-S-T

俯视图 36° 俯视图 10°

侧视图 侧视图

图 8　BDT 和 DTBDT 聚合物的分子构型[24]

此外，研究者合成了以萘并二呋喃（NDF）和萘并二噻吩（NDT）为核心的聚合物给体材料，如图 9 所示[25]。通过理论计算发现，氧原子能带来更小的空间位阻，使 NDF 类材料有更平直的分子结构，从而实现了聚合物给体材料更高的电荷迁移率和更高的光电转换效率。这些例子告诉我们，在设计聚合物给体材料时，分子的构型能显著影响材料的性能，而平直的构型可以由关键的核心单元来决定。

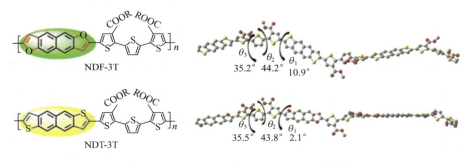

NDF-3T　θ_3 θ_2 θ_1　35.2° 44.2° 10.9°

NDT-3T　θ_3 θ_2 θ_1　35.5° 43.8° 2.1°

图 9　NDF 和 NDT 类聚合物的分子构型[25]

4. 合理调控给体材料和受体材料的聚集和相容性以提升有机太阳能电池器件性能

前面我们主要围绕聚合物给体材料结构与关键性能之间的关系进行讨论。但是有机太阳能电池与其他太阳能电池不同的地方在于活性层部分是由给体材料和受体材料两部分组成的，要想实现高光电转换效率的聚合物太阳能电池，我们不能"剃头挑子一头热"地只考虑聚合物给体材料，还得考虑与受体材料是否能合理搭配。这就提出了一个给体材料和受体材料之间的相容性问题。如图 10 所示，在活性层中的给体材料和受体材料都会形成自己的一个结晶域，每个域内都分别是由很多给体分子和受体分子堆积形成的[26]。当材料的结晶性强时，域的范围就大，而结晶性弱时，域的范围就小。如果给体材料和受体材料的结晶性都过强，那两者的域都很大，这也就说明给体材料和受体材料之间难以充分地混合，造成的后果就是域内产生的激子或者在给体材料和受体材料界面处产生的电荷难以被提取，造成有机太阳能电池器件短路电流密度的减少。反之，如果给体材料和受体材料的结晶性都过弱，两者的域都很小，意味着相容性过好，本身激子分离出的正、负电荷又容易重新合并，造成激子重组，同样会降低有机太阳能电池器件的短路电流密度。因此，找到给体材料和受体材料之间合适的相容性是提高聚合物太阳能电池的难点，也是重点。

有机太阳能电池——探秘高效聚合物给体材料的设计思路

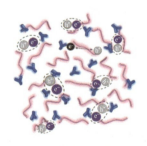
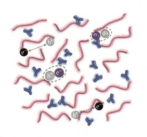
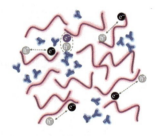

（a）过强的相容性　　　　（b）合适的共混相容性　　　　（c）过弱的相容性

〜〜〜给体材料　Ｙ受体材料　激子重组　电荷提取

图 10　给体材料和受体材料的相容性机理[26]

看到这里是不是感觉很疑惑，好像陷在一个坑里，这也不行那也不行，到底怎样才能找到合适的给体材料和受体材料相容性呢？不要急，我们回到问题本身，影响给体材料和受体材料之间的相容性主要因素为给体材料和受体材料域的大小，而域又是由材料结晶性影响的，因此，我们只要调整好材料的结晶性，就可以调整给体材料和受体材料之间的相容性。在过去的研究中，研究者已经发现烷基侧链的长度能明显影响聚合物材料的结晶性，因此，研究者首先就精细调控烷基侧链分布，如烷基侧链的长度和位置[27]。通过在聚合物的不同位置引入烷基侧链，就能显著调节材料的结晶性，如图11所示[28]。随着烷基侧链连接位置的不同，给体材料的结晶性可以实现有效调解，与受体材料的相容性也会增加。这种通过引入一定有空间位阻的烷基的有效策略为优化强结晶性聚合物给体材料提供了更多的解决途径。

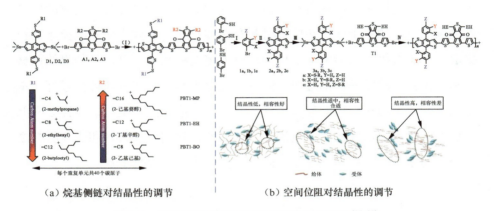

（a）烷基侧链对结晶性的调节 　　　（b）空间位阻对结晶性的调节

图 11　烷基侧链和空间位阻对结晶性的调节 [27-28]

结语

　　能源危机和环境污染都促使绿色、可再生的能源科技得到了极大发展。太阳能作为一种低廉绿色能源的广泛利用已经为人们的生活提供了极大的便利。随着科技的进步，如何高效、方便、舒适地利用太阳能电池是我们现在的研究重点。有机太阳能电池的开发，可以制备出柔性器件应用到户外、汽车、手机等各个方面（见图 12）。因此，开展对有机太阳能电池的研究十分重要。在最近的十多年中，有机（聚合物）太阳能电池的研究取得了显著的进展。2005 年，以 P3HT 为代表的简单的聚噻吩衍生物经过各种物理处理（热退火、溶剂退火等）后，有机太阳能电池的光电转换效率可以达到 4% ～ 5%[29-30]。2006 年，美国 Konarka 公司报道的窄带隙材料 PCPDTBT 成为聚合物太阳能电池材料发展的一个重要里程碑 [31]。窄带隙材料太阳能电池的光电转换效率首次超过了基于 PPV 和 P3HT 等传统材料太阳能电池（初步的光电转换效率达到了 3.2%。经过 Heeger 和 Bazan 等教授的器件优化，PCPDTBT 太阳能电池光电转换效率达到了 5.5%[32] ）。从此，通过给体材料和受体材料共聚的方式来实现窄带隙聚合物材料成为很常用的一种方法。另外一种目前广受关注的实现窄带隙的新方法是 2009 年芝加哥大学于陆平教授报道的新材料 PTB1。他们通过芳香式单元和醌式单元共聚来合成窄带隙材料，基于这种新的合成策略制备的太阳能电池可达到 5% 以上的光电转换效率 [33]。目前为止，文献报道的有机太阳能电池的最高光电转换效率已超过 20%。

图 12　有机太阳能电池的应用方向

与此同时，国内相关领域的发展也非常迅猛。我国华南理工大学、中国科学院化学研究所、中国科学院长春应用化学研究所、国家纳米科学中心、北京大学、清华大学、北京航空航天大学、北京化工大学、吉林大学、上海交通大学、复旦大学、浙江大学、南开大学、四川大学、苏州大学、中南大学等单位近年来也开展了有机太阳能电池的研究并取得了非常可喜的成果。其中，北京大学、华南理工大学、中国科学院化学研究所、国家纳米科学中心、北京航空航天大学、苏州大学等单位将聚合物单层太阳能电池器件的光电转换效率提高到 18% 以上 [34-38]。北京大学、中国科学院化学研究所、中南大学等采用非富勒烯受体效率也使有机太阳能电池的发展进入一个新阶段。但是在有机太阳能电池蓬勃发展的同时，仍有很多问题，如能量损失的降低、材料制备成本的减少、有机太阳能电池器件稳定性的提高需要解决。科技的发展不是一蹴而就的，希望有志于有机太阳能电池研究的科研工作者坚定自己的信心，拥有足够的恒心，保持一定的耐心，那么没有什么困难是克服不了的。

参考文献

[1]   赵利勇, 胡明辅, 杨贞妮. 太阳能利用技术与发展[J]. 能源与环境, 2007(7): 55-57.

[2]   HEEGER A J. 25th anniversary article: bulk heterojunction solar cells: understanding the mechanism of operation[J]. Advanced Materials, 2014 (26): 10-27.

[3]   AN Q, ZHANG F, TANG W, et al. Versatile ternary organic solar cells: a critical review[J]. Energy & Environmental Science, 2016 (2): 281-322.

[4]   ELUMALAI N K, UDDIN A. Open circuit voltage of solar cells: an in-depth review[J]. Energy & Environmental Science, 2016(9): 391-410.

[5]   HE Z, ZHONG C, HUANG X, et al. Simultaneous enhancement of open-circuit voltage, short-current density, and fill factor in polymer solar cells[J]. Advanced Materials, 2011 (40): 4636-4643.

[6]   THOMPSON B C, FRÉCHET J M J. Polymer–fullerene composite solar cells[J]. Angewandte chemie international edition, 2008, 47(1): 58-77.

[7]   BRABEC C J, GOWRISANKER S, HALLS J J, et al. Polymerfullerene bulk-heterojunction solar cells[J]. Advanced Materials, 2010(22):

3839-3856.

[8]   ZHANG S, QIN Y, ZHU J, et al. Over 14% efficiency in polymer solar cells enabled by a chlorinated polymer donor[J]. Advanced Materials, 2018, 30(20). DOI: 10.1002/adma.201800868.

[9]   LI S, YE L, ZHAO W, et al. A wide band gap polymer with a deep highest occupied molecular orbital level enables 14.2% efficiency in polymer solar cells[J]. Journal of the American Chemical Society, 2018, 140(23): 7159-7167.

[10]   KAN B, FENG H, YAO H, et al. A chlorinated low-bandgap small-molecule acceptor for organic solar cells with 14.1% efficiency and low energy loss[J]. Science China Chemistry, 2018(61): 1307-1313.

[11]   JUN Y, ZHANG Y, ZOU Y, et al. Single-junction organic solar cell with over 15% efficiency using fused-ring acceptor with electron-deficient core[J]. Joule, 2019, 3(4): 1140-1151.

[12]   GAO W, QI F, PENG Z, et al. Achieving 19% power conversion efficiency in planar-mixed heterojunction organic solar cells using a pseudosymmetric electron acceptor[J]. Advanced Materials, 2022, 34(32). DOI: 10.1002/adma.202202089.

[13]   GU X, LAI X, ZHANG Y, et al. Organic solar cell with efficiency over 20% and V_{OC} exceeding 2.1 V enabled by tandem with all-inorganic perovskite and thermal annealing-free process[J]. Advanced Science, 2022, 9(28). DOI: 10.1002/advs.202200445.

[14]   ZHENG B, HUO L, LI Y, Benzodithiophenedione-based polymers: recent advances in organic photovoltaics[J]. NPG Asia Materials, 2020(12). DOI: 10.1038/s41427-019-0163-5.

[15]   ZHENG B, HUO L, Recent advances of dithienobenzodithiophene-based organic semiconductors for organic electronics[J]. Science

有机太阳能电池——探秘高效聚合物给体材料的设计思路

China Chemistry, 2021(3): 358-384.

[16]   HUO L, GUO X, ZHANG S, et al. PBDTTTZ: A broad band gap conjugated polymer with high photovoltaic performance in polymer solar cells[J]. Macromolecules, 2011(44): 4035-4037.

[17]   GUO X, ZHANG M, HUO L, et al. Design, synthesis and photovoltaic properties of a new D−π−A polymer with extended π-bridge units[J]. Journal of Materials Chemistry, 2012(22): 21024-21031.

[18]   HUO L, ZHANG S, GUO X, et al. Replacing alkoxy groups with alkylthienyl groups: a feasible approach to improve the properties of photovoltaic polymers[J]. Angewandte Chemie-International Edition, 2011(50): 9697-9702.

[19]   HUO L, HOU J, ZHANG S, et al. A polybenzo[1,2-b:4,5-b'] dithiophene derivative with deep HOMO level and its application in high-performance polymer solar cells[J]. Angewandte Chemie-International Edition, 2010, 49(8): 1500-1503.

[20]   HUO L, LI Z, GUO X, et al. Benzodifuran-alt-thienothiophene based low band gap copolymers: substituent effects on their molecular energy levels and photovoltaic properties[J]. Polymer Chemistry,2013, 4(10): 3047-3056.

[21]   HUO L, LIU T, SUN X, et al. Single-junction organic solar cells based on a novel wide-bandgap polymer with efficiency of 9.7%[J]. Advanced Materials, 2015, 27(18): 2938-2944.

[22]   CAI Y, XUE X, HAN G, et al. Novel π-conjugated polymer based on an extended thienoquinoid[J]. Chemistry of Materials, 2018, 30(2): 319-323.

[23]   ZHENG B, HUO L. Recent advances of furan and its derivatives based semiconductor materials for organic photovoltaics[J]. Small

Methods, 2021, 5(9). DOI: 10.1002/smtd.202100493.

[24]   WU Y, LI Z, MA W, et al. PDT-S-T: A new polymer with optimized molecular conformation for controlled aggregation and π-π stacking and its application in efficient photovoltaic devices[J]. Advanced Materials, 2013, 25(25): 3449-3445.

[25]   ZHENG B, QI F, ZHANG Y, et al. Over 14% efficiency single-junction organic solar cells enabled by reasonable conformation modulating in naphtho[2,3-b:6,7-b']difuran based polymer[J]. Advanced Energy Materials, 2021, 11(13). DOI: 10.1002/aenm.202003954.

[26]   ZHENG B, NI J, LI S, et al. Conjugated mesopolymer achieving 15% efficiency single-junction organic solar cells[J]. Advanced Science, 2022, 9(8). DOI: 10.1002/advs.202105430.

[27]   LIU T, PAN X, MENG X, et al. Alkyl side-chain engineering in wide-bandgap copolymers leading to power conversion efficiencies over 10%[J]. Advanced Materials, 2017, 29(6). DOI: 10.1002/adma.201604251.

[28]   XUE X, WENG K, QI F, et al. Steric engineering of alkylthiolation side chains to finely yune miscibility in nonfullerene polymer solar cells[J]. Advanced Energy Materials, 2019, 9(4). DOI: 10.1002/aenm.201802686.

[29]   LI G, SHROTRIYA V, HUANG J S, et al. High-efficiency solution processable polymer photovoltaic cells by self-organization of polymer blends[J]. Nature Materials, 2005(4), 864-868.

[30]   MA W, YANG C, GONG X, et al. Thermally stable, efficient polymer solar cells with nanoscale control of the interpenetrating network morphology[J]. Advanced Functional Material, 2005, 15(10): 1617-1622.

[31]   MüHLBACHER D, SCHARBER M, MORANA M, et al. High

有机太阳能电池——探秘高效聚合物给体材料的设计思路

photovoltaic performance of a low-bandgap polymer[J]. Advanced Materials, 2006, 18(21): 2884-2889.

[32]   PEET J, KIM J Y, COAES N E, et al. Efficiency enhancement in low-bandgap polymer solar cells by processing with alkane dithiols[J]. Nature Materials, 2007(6): 497-500.

[33]   LIANG Y, FENG D, WU Y, et al. Highly efficient solar cell polymers developed via fine-tuning of structural and electronic properties[J]. Journal of the American Chemical Society, 2009, 131(22): 7792-7799.

[34]   LI C, ZHOU J, SONG J, et al. Non-fullerene acceptors with branched side chains and improved molecular packing to exceed 18% efficiency in organic solar cells[J]. Nature Energy, 2021(6): 605-613.

[35]   MENG H, LIAO C, DENG M, et al. 18.77 % efficiency organic solar cells promoted by aqueous solution processed cobalt(II) acetate hole transporting layer[J]. Angewandte Chemie-international Edition, 2021, 60(41):22554-22561.

[36]   ZHANG J, BAI F, ANGUAWELA I, et al. Alkyl-chain branching of non-fullerene acceptors flanking conjugated side groups toward highly efficient organic solar cells[J]. Advanced Energy Materials, 2021, 11(47). DOI: 10.1002/aenm.202102596.

[37]   BAO S, YANG H, FAN H, et al. Volatilizable solid additive-assisted treatment enables organic solar cells with efficiency over 18.8% and fill factor exceeding 80%[J]. Advanced Materials, 2021 33(48). DOI: 10.1002/adma.202105301.

[38]   ZHENG Z, WANG J, BI P, et al. Tandem organic solar cell with 20.2% efficiency[J]. Joule, 2022, 6(1): 171-184.

霍利军，北京航空航天大学化学学院教授、博士生导师。2014 年入职北京航空航天大学，主要从事有机太阳能电池和钙钛矿太阳能电池材料与器件的研究。近年来，在 *Journal of the American Chemical Society*、*Angewandte Chemie International Edition*、*Advanced Materials*、*Macromolecules* 等期刊上发表论文 100 余篇，被引用超过 13 000 次，H 因子 56。近 5 年以第一发明人申请中国专利 7 项，授权 5 项。

软体机器人中的智能软材料

北京航空航天大学材料科学与工程学院

王志坚

机器人可以将人们从繁重的劳动中解放出来，以高效、多样化和智能化的方式改变人们的生活方式与习惯。大多数机器人有着坚硬的外表，并利用液压或者电机进行驱动，控制精准，行动迅捷。软体机器人由弹性模量较低的软材料构成，具有变形能力大、与人接触安全友好等特点，能很好地弥补传统硬体机器人的不足。软体机器人在生物医疗、航空航天、极端环境下探索搜救等方面已展现了独特的优势和潜力。

在软体机器人中，智能软材料起着至关重要的作用。智能软材料能够将外界刺激转变为机械形变，从而驱动软体机器人运动。常见的智能软材料有哪些呢？它们为什么能够产生形变呢？人们是如何利用智能软材料来设计软体机器人的呢？下面我们将向大家一一展现软体机器人中智能软材料的神奇之处。

软体机器人

作为一个新兴的研究领域，软体机器人在过去的十余年发展迅速。2011 年，Shepherd 等在气球中加入不可拉伸的纸片或者布片，在充气过程中，气球发生了各向异性的膨胀，从而产生弯曲变形 [1]。通过合理的设计，气动驱动器可以实现抓取或者爬行等运动模式。Shepherd 等的工作极大地促进了软体机器人的发展。各式各样的软体机器人，如 3D 印的水凝胶软体机器人，行动迅捷的磁响应软体机器人，可折叠、超轻、负载能力强的张拉整体结构机器人，在深达万米的马里亚纳海沟里畅游的介电弹性体软体鱼等不断涌现。与此同时，软体机器人不仅在基础研究方面取得了飞速的发展，也逐步进入市场。美国的 Soft Robotics 公司将气动机械抓手推向了市场，而国内的苏州柔触机器人科技有限公司开发了模拟鸟喙的机械手臂，在食品、服装纺织、汽车电子行业都展现了广阔的应用前景。

智能软材料能够将外界信号和刺激转变为机械形变，实现软体机器人不同的运动模式，在软体机器人的运动中起着至关重要的作用。性能优异的智能软材料能够大大增加软体机器人的变形能力，降低机器人设计和构建的复杂程度。软体机器人在形式和功能方面的快速发展，反过来也对智能软材料提出了更高的要求。在软体机器人中，作为驱动主体的智能软材料不仅需要能够像电机等硬体机器人中常见的驱动系统一样响应迅速，提供足够的致动应力和致动应变，还需要弹性模量低，与人接触安全友好，具有变形灵活的能力。为了满足这样的要求，在过去一段时间中，人们进行了大量的尝试和探索，开发了形式多样、性能各异的软体驱动材料，并探索了其在软体机器人中的相关应用。从最早应用在软体机器人中的气动驱动材料，到近些年来涌现的介电弹性体、液晶弹性体和磁响应变形材料，极大地丰富了软体机器人的设计空间和驱动方式。下面将逐一简单介绍不同的智能软材料的原理和特点。

智能软体驱动材料

1. 气动驱动材料

在生活中，我们经常发现气球在充气时有时并不会变成规则的球形，总是存在一些凸起的地方。原因是气球在制作过程中，不同区域的橡胶材料的均匀性很难保证完全一致。在充气过程中，弹性模量大的区域变形小，而弹性模量小的区域变形大。硅橡胶是一类常见的橡胶材料，具有商品化程度高、弹性模量可调范围大、加工技术成熟等特点。人们在硅橡胶气球的一面引入不可压缩的纸片，设计构建了具有弯曲能力的硅橡胶气动材料。充气时，没有纸片的硅橡胶一面弹性模量低，变形能力强，而有纸片的一面弹性模量大，变形能力弱。这样的硅橡胶结构在改变内部气压时可以产生弯曲变形。利用这个原理，Shepherd 等构建了第一个可爬行的四足气动软体机器人，拉开了软体机器人快速发展的序幕[1]。

对气动驱动材料的结构进行设计优化，改变不可压缩材料的位置和形状，不仅可以实现弯曲变形，还可以实现扭转变形或者收缩变形，为软体机器人和软体机械手臂的设计提供了丰富的设计思路。此外，各式各样韧性强、商品化程度高的硅橡胶材料，也为软体机器人提供了丰富的发展空间。目前，气动驱动材料已经成为最先走进应用市场的软体驱动器。美国的 Soft Robotics 公司和国内苏州柔触机器人科技有限公司都已经推出了气动软体机械手臂，并将其应用于工业自动化、食品、医疗、服装、包装物流等多个领域，展现出了区别于硬体机械手臂的独特之处。

2. 介电弹性体

在高电压作用下，介电弹性体受麦克斯韦电场力的挤压会发生较大的变形，从而起到类似人工肌肉的效果。介电弹性体由电场力驱动，具有响应速度快，可以实现高频运动等特点。目前用得比较多的介电弹性体有聚丙烯酸酯类弹性体和硅氧烷类弹性体。在使用过程中，介电弹性体会发生较大的变形，故需要引入柔性电极，以保持电场强度。人们通常在介电弹性体表面刷涂一层可以发生大变形的导电石墨浆料电极来施加电压。

介电弹性体在驱动过程中需要施加较高的电压，并且产生的致动应力和应变也比较有限；在高电压作用下，介电弹性体很容易被击穿，从而失去致动效果。这些缺陷严重制约了介电弹性体的进一步应用。为了解决这些问题，美国科罗拉多大学博尔德分校的 Keplinger 教授课题组采用在介电弹性体中添加电解液的方式，设计制备了通过静水压放大的介电弹性体，如图 1 所示 [2]。他们在介电弹性体的气球中充满液体，然后在气球的上半部涂覆导电层。当施加电场时，麦克斯韦电场力作用在液体上，挤压液体，从而产生静水压力作用在介电弹性体气球的壳体上，使整个介电弹性体产生收缩。随着电压的增大，介电弹性体的收缩变得越长。由于电解液的存在，该介电弹性体即使被高电压击穿，仍然可以从电压击穿中自愈过来，实现高频运动。

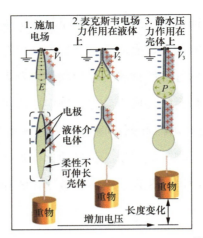

图 1　通过静水压放大的介电弹性体[2]

　　介电弹性体驱动的变形可以被弹性模量大的结构限制，从而实现不均匀变形。利用这样的原理，在介电弹性体中引入刚性束缚结构，就可以实现不同形状之间的转变。美国康奈尔大学的 Shepherd 教授课题组在介电弹性体薄膜上加上硬的框架限制介电弹性体的形变，最终形成了惟妙惟肖的仿生盆栽[3]。美国哈佛大学的 Clarke 教授课题组用 3D 打印的方法，通过设计导电层的图案实现了在刺激条件下展现出人脸形状的介电弹性体结构[4]。

3. 液晶弹性体

　　液晶是介于液体和晶体之间的一种特殊的物质形态，我们日常生活中所用的显示屏就是利用液晶制造的。与液晶小分子不同，液晶弹性体是液晶基元通过高分子链连接在一起而得到的高分子网络。液晶弹性体既具有液晶的性质，又具有弹性体的性质。单畴态和多畴态液晶弹性体在加热过程中会发生从液晶态向各向同性态的转变（见图 2）。在此过程中，液晶弹性体会在取向方向上发生收缩，产生各向异性的宏观形变。液晶弹性体具有变形能力强、驱动温度较低等特点，被广泛应用于软体机器人的构造中。

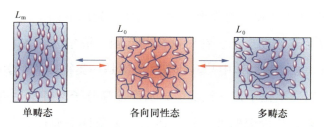

图 2　单畴态和多畴态液晶弹性体在加热条件下会发生液晶相向各向同性态的转变

　　但是如果没有通过特殊的加工处理，制备得到的液晶弹性体通常处于多畴态。在多畴态液晶弹性体中，存在着一个一个微畴区，微畴区与微畴区之间的液晶取向并不一致。虽然多畴态液晶弹性体在加热条件下可以发生液晶态向各向同性态的转变，但是多畴态液晶弹性体并不表现出宏观形变，从而不具备驱动能力。为了获得驱动能力，在制备液晶弹性体的过程中，必须引入液晶基元的取向。这是液晶弹性体与气动驱动材料、介电弹性体所不同的地方。

　　三十多年来，研究者开发了多种方法制备具有不同取向的液晶弹性体。Hikmet 等在液晶显示器技术的基础上，直接利用现有取向技术控制可聚合液晶基元的取向，再通过原位聚合的方法，固定液晶基元的取向 [5]。该方法也被称为"一步聚合法"，如图 3（a）所示。该方法可以很好地控制液晶弹性体中液晶基元的取向，有利于制备具有不同取向的液晶弹性体图案。但是该方法制备的液晶弹性体薄膜厚度有限，大概在几十到几百微米。超过该厚度，液晶基元的取向就变得难以控制。此外，液晶基元取向在垂直方向上可控性差，容易出现缺陷。

　　针对上述问题，德国的 Finkelmann 提出了"两步聚合法"[见图 3（b）][6]。首先，通过一步反应速率较快的反应使液晶基元发生聚合反应，形成轻度交联的网络。该交联网络具有一定的可拉伸性能，在外力拉伸下，其中的液晶基元可以沿着拉伸方向取向。然后，通过进一步的二次聚合的方式将液晶基元的取向固定下来。相较于"一步聚合法"，"两步聚合法"操作简单，可以实现尺寸较大的具有驱动能力的液晶弹性体的制备。

软体机器人中的智能软材料

在"……的多畴态……下，取晶弹光的取向控制与取向对……性理实现。也可以利用冷压或者对未交联的液晶弹性体进行剪切等方式实现。美国得克萨斯大学达拉斯分校的 Ware 教授课题组和哈佛大学的 Lewis 课题组分别利用挤出式 3D 打印的方法实现了取向可控的液晶弹性体的增材制造[10]。该

—— [11]。美国加利福尼亚大学圣地亚哥分校的蔡盛强教授课题组通过调控挤出式 3D 打印机中墨水储存室的温度，直接制备得到了具有"皮-芯"结构的液晶弹性体纤维[12]。如图 4 所示，皮层为具有驱动能力的单畴态液晶弹性体，而芯层为没有驱动能力的多畴态液晶弹性体。皮层和芯层的厚度比例决定了整体纤维的驱动能力。皮层和芯层的厚度可以通过墨水储存室的温度精准调控。液晶弹性体制造加工方法的发展为软体机器人的设

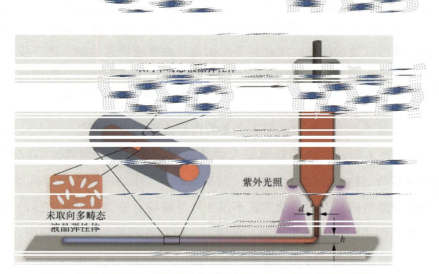

图 4　驱动性能和方向可调的液晶弹性体 3D 打印方法示意[12]

4　磁响应变形材料

磁响应变形材料是将磁性粒子按照一定的取向分散在高分子基质中制

方向重排，从而形成宏观形变。磁响应变形材料的变形行为取决于外界磁场和材料内部的磁性粒子取向。麻省理工学院的赵选贺教授课题组通过挤出式 3D 打印的方法，实现了磁性粒子的有序可控取向[13]。弹性体固化后，磁性粒子的取向和位置被固定下来。在外界磁场作用下，磁性粒子带动整个弹性体发生形变，并且打印的磁响应变形材料响应快速，可以捕捉快速移动中的物体。

相较于液晶弹性体依靠升高温度实现变形不同，磁响应变形材料是通过外界的磁场的变化实现运动的。一方面可以通过自身的磁性粒子的排布获得不同的变形能力，另一方面也可以通过外界磁场的变化精确调控磁响应变形材料的变形和运动。这给软体机器人的设计带来了巨大的便利。德国马普智能系统研究所的 Sitti 教授课题组在磁响应变形材料方面开展了大量的研究工作。他们在弹性体前体中引入磁性粒子，利用外场精确控制磁性粒子的取向[14]。制备的磁响应变形材料不仅可以通过蠕动的方式前进，还可以通过跳跃、滚动甚至水面弯月面效应快速运动。进一步地，他们通过在磁响应微型机器人（见图 5）端部修饰具有不同黏附性能的端基微结构，大大增加了磁响应微型机器人在软而湿的生物组织表面的摩擦力，增强了磁响应微型机器人在生物医疗方面的应用[15]。

如图 6 所示，美国斯坦福大学的赵芮可教授课题组将磁响应变形材料和折纸结构结合起来，构造了只有 2 mm 大小的磁响应微型机器人[16]。磁响应微型机器人的运动方式不仅与外界磁场有关，也与相连接的折纸结构密切相关。在磁场作用下，该机器人可以在不同环境中做翻滚、跳跃、螺旋式前进等复杂运动。这种外场可控的多运动方式为微型生物医疗机器人的应用展现了巨大前景。

在以上介绍的几种智能软体驱动材料中，气动驱动材料、介电弹性体和磁响应变形材料在外场作用下可以发生快速变形。而液晶弹性体则需要通过外界热输入才能实现宏观变形，因此变形速度取决于热在物质中的扩散速率。这也成为制约液晶弹性体在软体机器人中应用的瓶颈。减小试样的尺寸和增加液晶弹性体中传热速度可以有效提高液晶弹性体的响应速度。相较于其他智能软体驱动材料，液晶弹性体材料的智能来源于分子排列有序度的变化。在液晶弹性体中掺杂其他功能化粒子或者多层结构设计的方法引入其他结构不会影响液晶弹性体的收缩性能，这为制造功能多样化的液晶弹性体复合材料提供了可能。西安交通大学田洪淼教授课题组设计了内部为高熔点液态金属，外层为液晶弹性体的致动纤维[17]。该纤维不仅具有致动能力，在冷却之后因为液态金属的高熔点，还能极大地增加纤维结构的刚度，从而增强了液晶弹性体复合纤维的负载能力。

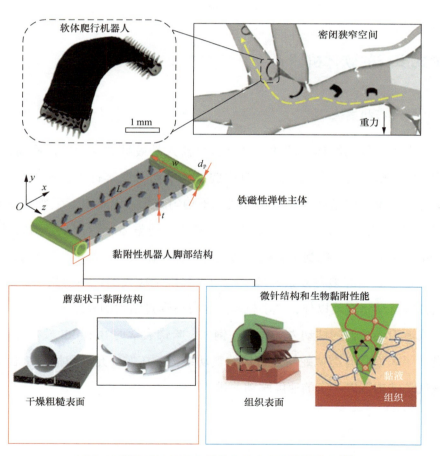

图 5　能够在限域空间内运动的磁响应微型机器人[15]

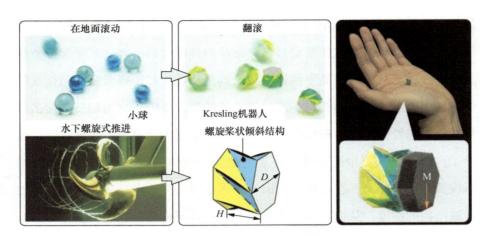

图 6　磁响应微型机器人 [16]

形式多样的软体机器人

1. 爬行机器人

模仿爬行动物运动的四足型爬行机器人是最早实现的软体机器人结构。Shepherd 等设计构建了带有内腔结构的四足型爬行机器人，在充气情况下，聚二甲基硅氧烷结构会发生不均匀膨胀，宏观上产生弯曲变形。有序控制四足的弯曲顺序可以实现该机器人的整体爬行 [1]。哈佛大学的 Tolley 等将电源和控制系统集成到气动爬行机器人中，使得该机器人可以在雪地、高温等多种复杂环境中运动，展现了极大的应用前景 [18]。除了模拟爬行动物运动以外，气动机器人也可以通过结构的有序变形实现以蛇形或者毛毛虫似的蠕动方式前进。例如，哈佛大学的 Bertoldi 教授课题组设计了表面具有类似蛇鳞片结构的气动结构。在循环充气和抽气过程中，该气动结构能以一定的速度蠕动前进 [19]。

2. 攀爬机器人

"飞檐走壁"一直是人们对未来机器人功能的期待之一，攀爬机器人也一直是研究的热点和难点。传统的硬体机器人大多数都由金属构造而成，较重的身体给攀爬带来了极大的难度。与硬体机器人相比，软体机器人大部分都是由软材料构成，极大地减轻了自身质量，使得"飞檐走壁"成为可能。上海交通大学谷国迎教授课题组与麻省理工学院赵选贺教授课题组合作，利用介电弹性体作为驱动主体设计制造了可在垂直墙面攀爬的软体机器人[20]。该机器人的双足由电活性物质构成。在高电压条件下，双足可以在电离作用下具有较强的电黏附力。而介电弹性体主体在有序驱动条件下可以发生弯曲和回复。通过电黏附力和主体的弯曲，介电弹性体软体机器人在悬挂 10 g 重物的情况下，也可以继续攀爬。

3. 张拉整体结构机器人

张拉整体结构是一类特殊的力学结构，由受压的杆和受拉的绳索构成。从远处看，张拉整体结构仿佛很多硬杆独立地立在空中。正因为这种奇特的外形，张拉整体结构常见于一些桌面艺术品和建筑中。在诸多张拉整体结构中，六杆型张拉整体结构是一种特殊的近似球形的结构，由 6 根亚克力硬杆和 24 条绳索组成，这些硬杆和绳索围成了一个二十面体。这 20 个面包括 12 个等腰三角形和 8 个等边三角形，如图 7 所示。张拉整体结构在内部具有大量的空间，同时硬杆也可以由轻质的高分子材料制作。因此，张拉整体结构具有轻质可折叠等一系列优点。同时，当单个绳索发生收缩时，张拉整体结构均会发生较大的形变。当形变导致张拉整体结构的重心位于作为支撑面的底面三角形以外时，六杆型张拉整体结构就会发生滚动。利用这一特点，张拉整体结构可以沿着特定的路径滚动前进。

美国国家航空航天局启动了一项名为 SUPERBOT 的计划，旨在设计制造具有可折叠、抗冲击的深空探测巡视着陆一体化张拉整体结构机器人。最初他们将电机藏于硬杆的内部，达到控制钢绳收缩的目的。通过多个钢绳的协同收缩或者伸长，张拉整体结构的整体形状会发生较大变化，从而发生滚动。多根钢绳协同收缩大大增加了算法和控制的复杂程度和难度。日本的 Hirai 等利用 McKibben 气动致动器代替钢绳，通过调节气压控制张拉整体结构的变形。但是 McKibben 气动致动器最大只能达到 34% 的收缩[21]。而理论计算表明，单根钢绳收缩驱动张拉整体结构发生运动时的最小收缩为 35.9%，这给大多数驱动材料带来了极大的挑战。

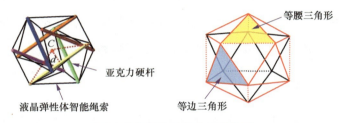

图 7 张拉整体结构的几何构型

液晶弹性体具有变形大、响应速度快、各向异性收缩等特点，是制作张拉整体结构的理想的绳索材料。美国加利福尼亚大学圣地亚哥分校的蔡盛强教授课题组利用掺杂碳纳米管的多畴态液晶弹性体作为绳索，亚克力杆作为硬杆设计制造了六杆型张拉整体结构[22]。拉伸后的多畴态液晶弹性体中的液晶基元沿着拉伸方向取向，当加热至其相转变温度以上时可以发生明显的收缩。液晶弹性体的收缩程度可以通过材料的初始力学性质和预拉伸程度进行调控。蔡盛强教授课题组设计的液晶弹性体张拉整体结构在红外激光照射下，液晶弹性体绳索最大可以收缩 40%，超过了张拉整体结构运动所需的临界值。张拉整体结构的可能的运动路径形成了一个六边形构成的蜂窝状网络。液晶弹性体张拉整体结构全部由高分子材料构成，具有超轻、易折叠、抗冲击的特点，可以有效地保护装载的易碎物品，并且可以在沙地、碎石路面等多种易流动的地面运动，展现了优于传统机器人的特殊之处。液晶弹性体张拉整体结构的滚动过程和可控运动分别如图 8 和图 9 所示[22]。

等边三角形

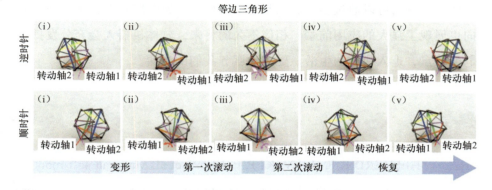

图 8　液晶弹性体张拉整体结构的滚动过程

图 9　液晶弹性体张拉整体结构的可控运动

结语

在过去的 20 年中，软体机器人取得了飞速的发展，从最早简单的气动四足型爬行机器人，到可以在超过万米深的马里亚纳海沟中畅游的软体机器人，再到诊断治疗一体化的微型机器人。软体机器人的结构更加多样，功能也日趋丰富。为了满足软体机器人不断提升的要求，起着驱动功能的智能软体驱动材料也在不断进步和发展。气动驱动器已经从实验室走向了实际生产应用中。介电弹性体逐渐向低电压化、自愈、易加工等方向拓展。液晶弹性体的致动性能来源于分子相态的转变，不同形状和尺寸的液晶弹性体驱动材料可以通过多种加工制造手段得到。磁响应材料在生物医疗方向也展现了强大的应用前景。相信不久的将来，软体机器人会充分发挥它们的特点，走入我们的生活，更好地服务我们的生活。

参考文献

[1]   SHEPHERD R F, ILIEVSKI F, CHOI W, et al. Multigait soft robot[J]. Proceedings of the National Academy of Sciences of the United States of America, 2011, 108(51): 20400-20403.

[2]   YODER Z, KELLARIS N, CHASE-MARKOPOULOU C, et al. Design of a high-speed prosthetic finger driven by peano-HASEL actuators[J]. Front Robot AI, 2020(7). DOI: 10.3389/frobt.2020. 586216.

[3]   PIKUL J H, LI S, BAI H, et al. Stretchable surfaces with program-mable 3D texture morphing for synthetic camouflaging skins[J]. Science, 2017, 358(6360): 210-214.

[4]   HAJIESMAILI E, LARSON N M, LEWIS J A, et al. Programmed shape-morphing into complex target shapes using architected dielectric elastomer actuators[J]. Science Advance, 2022, 8(28). DOI: 10.1126/sciadv.abn9198.

[5]   HIKMET R A M, LUB J, BROER D J. Anisotropic networks formed by photopolymerization of liquid-crystalline molecules[J]. Advanced Materials, 1991, 3(7-8): 392-394.

[6]   KÜPFER J, FINKELMANN H. Nematic liquid single crystal elasto-mers[J]. Die Makromolekulare Chemie Rapid Communications, 1991, 12(12): 717-726.

[7]   PEI Z, YANG Y, CHEN Q, et al. Mouldable liquid-crystalline

elastomer actuators with exchangeable covalent bonds[J]. Nature Materials, 2014(13): 36-41.

[8]　WANG Z, CAI S. Recent progress in dynamic covalent chemistries for liquid crystal elastomers[J]. Journal of Materials Chemistry B, 2020, 8(31): 6610-6623.

[9]　WANG Z, GUO Y, CAI S, et al. Three-dimensional printing of liquid crystal elastomers and their applications[J]. ACS Applied Polymer Materials, 2022, 4(5): 3153-3168.

[10]　KOTIKIAN A, TRUBYHJYYTRF R L, BOLEY J W, et al. 3D Printing of liquid crystal elastomeric actuators with spatially programed nematic order[J]. Advanced Materials, 2018, 30(10). DOI: 10.1002/adma.201706164.

[11]　YANG G Z, FULL R J,JACOBSTEIN N, et al. Ten robotics technologies of the year[J]. Science Robotics, 2019, 4(26). DOI: 10.1126/scirobotics.aaw1826.

[12]　WANG Z, WANG Z, ZHENG Y, et al. Three-dimensional printing of functionally graded liquid crystal elastomer[J]. Science Advances, 2020, 6(39). DOI: 10.1126/sciadv.abc0034.

[13]　KIM Y, YUK H, ZHAO R, et al. Printing ferromagnetic domains for untethered fast-transforming soft materials[J]. Nature, 2018, 558(7709): 274-279.

[14]　HU W, LUM G Z,MASTRANGELI M, et al. Small-scale soft-bodied robot with multimodal locomotion[J]. Nature, 2018, 554(7690): 81-85.

[15]　WU Y, DONG X, KIM J K, et al. Wireless soft millirobots for climbing three-dimensional surfaces in confined spaces[J]. Science Advances, 2022, 8(21). DOI: 10.1126/sciadv.abn3431.

软体机器人中的智能软材料

[16] ZE Q, WU S, DAI J, et al. Spinning-enabled wireless amphibious origami millirobot[J]. Nature Communication, 2022, 13(1). DOI: 10.1038/s41467-022-30802-w.

[17] LIU H, TIAN H, LI X, et al. Shape-programmable, deformation-locking, and self-sensing artificial muscle based on liquid crystal elastomer and low-melting point alloy[J]. Science Advances, 2022, 8(20). DOI: 10.1126/sciadv.abn5722.

[18] TOLLEY M T, SHEPHERD R F, MOSADEGH B, et al. A resilient, untethered soft robot[J]. Soft Robot. 2014, 1(3): 213-223.

[19] RAFSANJANI A, JIN L, DENG B, et al. Propagation of pop ups in kirigami shells[J]. Proceedings of the National Academy of Sciences of the United States of America, 2019, 116(17): 8200-8205.

[20] GU G, ZOU J, ZHAO R, et al. Soft wall-climbing robots[J]. Science Robotics, 2018, 3(25). DOI: 10.1126/scirobotics.aat2874.

[21] KOIZUMI Y, SHIBATA M, HIRAI S. Rolling tensegrity driven by pneumatic soft actuators[C]// 2012 IEEE International Conference on Robotics and Automation. Piscataway, USA: IEEE, 2012. DOI: 10.1109/ICRA.2012.6224834.

[22] WANG Z, LI K, HE Q, et al. A light-powered ultralight tensegrity robot with high deformability and load capacity[J]. Advanced Materials, 2019, 31(7). DOI: 10.1002/adma.201806849.

　　王志坚，北京航空航天大学材料科学与工程学院教授、博士生导师。从事智能软材料及软体机器人相关创新研究。2010 年和 2015 年在北京大学化学学院高分子系分别获得学士学位与博士学位，2015—2020 年，在美国加利福尼亚大学圣地亚哥分校机械与航天工程系从事博士后研究。2020 年入选国家海外高层次人才引进计划青年项目，在 *Science Advances*、*Advanced Materials*、*Science Robotics* 等国际高水平期刊上发表论文 50 余篇。

穿梭于火与冰之间的"魔法师"
——热电材料

北京航空航天大学北航学院

邱玉婷

随着全球工业化进程的迅猛推进，人类社会正面临着前所未有的能源危机和环境污染。热电材料能够实现热能和电能直接转换，具有体积小、可靠性高、不排放污染物、适用温度范围广、环境友好等特点，该研究方向正引起学术界和社会各界的广泛关注。那么，热电材料是如何实现热能与电能之间的相互转换呢？其中蕴含着哪些物理机制？它又是如何在工业余热和汽车尾气废热发电、热电制冷与特殊电源等领域发挥着重要作用的呢？下面就带领大家进入热电材料的神奇世界。

什么是热电材料

大家是否了解汽车百公里油耗的开支是多少？与去年同时期相比较，油价是否出现了大幅提升？油价的波动和其背后更深层次的能源问题，正在困扰着全世界。随着社会的进步，能源危机和环境污染已成为人类面临的严峻挑战。2021 年下半年，全球能源的价格迎来了一次又一次的暴涨，不可再生能源的燃烧不仅会导致极为严重的空气污染，也会增加二氧化碳等温室气体的排放并加剧全球变暖。世界各国都在不断探索能源的高效利用和开发新的清洁高效能源，其中热电材料正扮演着越来越重要的角色。

热电材料是一种能够实现热能和电能直接转换的环境友好型材料。由热电材料组成的热电器件在服役时（见图 1），不产生二氧化碳气体、有毒物质或者其他排放物，有利于提高能源的利用效率。也许你会觉得热电材料不曾进入你的视野，但你是否还记得我国在 2018 年 12 月 8 日发射的嫦娥四号？它正在月球使用由热电材料组成的发电器件以确保巨幅温差下实现对探测器的稳定供电；也许你会觉得热电材料遥不可及，但当你打开车载冰箱享用冰镇冷饮时，你此时正在享受热电材料这位"魔法师"带来的电制冷"魔法"。热电材料究竟有什么样的"魔法"可以实现电能与热能的转换？下面让我们一起来了解这位神奇的"魔法师"。

图 1　由热电材料组成的热电器件的服役状态示意

热电材料蕴含着哪些物理机制

热电材料实现热能和电能转换的物理机制主要由 3 种热电效应组成，即泽贝克效应（Seebeck Effect）、佩尔捷效应（Peltier Effect）和汤姆孙效应（Thomson Effect）。这 3 个效应不仅奠定了热电理论的基础，而且也明确了热电材料的应用方向。

1821 年，德国物理学家 Seebeck 在他的实验中发现：在由两种不同的金属形成的闭合回路中，当对其中的一个连接结点进行加热而对另一个连接结点保持低温状态时，回路周围会产生磁场。当时他并没有发现金属回路中的电流，所以解释磁场产生的原因为温度梯度导致金属被磁化，并将此现象称为热磁现象（Thermomagnetism）。但是这并不妨碍他对许多材料进行系统的比较研究，直到 1823 年，这一现象的"面纱"才被丹麦物理学家 Oersted 的实验所揭开：热磁现象主要源自温度梯度在不同的金属连接结点间形成了一个电动势 V_{ab}，进而产生回路电流，最终导致回路周围产生磁场，据此拉开了热电效应研究的序幕。由于该现象是 Seebeck 首先发现，因此被命名为泽贝克效应。人们就是利用热电材料的泽贝克效应使其在温差发电领域服役，这一效应如图 2（a）所示。

佩尔捷效应是泽贝克效应的逆效应，是一个通入电流产生温差的效应。1834 年，法国钟表匠兼物理学家 Peltier 在法国王宫利用一根铋金属棒和一根锑金属棒进行了实验演示：他在两根金属棒的连接结点处挖一个小洞，滴入水滴；当电流通过这两种金属组成的回路时，水滴便结成了冰。该实验现象说明通入电流后，不同金属的连接结点处产生了吸热。直到 1838 年，俄国物理学家 Lenz 才对佩尔捷效应的本质给出了解释，指出两个导体的连接结点处是吸热还是放热取决于流过导体的电流的方向。佩尔捷系数被定义为单位时间内单位电流在连接结点处吸收或者放出的热量，通常也被用来描述半导体材料制冷的能力。这一效应如图 2（b）所示。

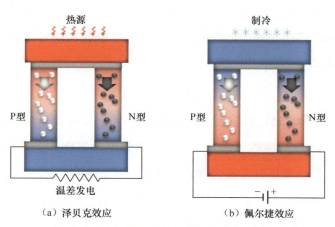

（a）泽贝克效应 （b）佩尔捷效应

图 2 泽贝克效应与佩尔捷效应的实验演示

泽贝克效应和佩尔捷效应都涉及由两种不同导体组成的回路，吸放热现象均发生在连接结点处，这主要是因为外界环境或本征原因（可以理解为材料自身的原因）导致导体中的载流子具有能量差。一般来说，人们会将 N 型和 P 型半导体热电材料按照电串联、热并联的方式组合起来制成温差发电器或热电制冷器。

热电效应之间的关联性在当时并未受到人们的重视，直到 1851 年，英国物理学家 Thomson 才开始利用热力学理论解析泽贝克效应和佩尔捷效应的关联性，并提出当电流流经一个存在温差的均匀导体时，除了发生不可逆的焦耳热之外，还会产生可逆的额外热量的吸收或放出，这些额外的热量被称为汤姆孙热，其大小与导体中存在的温差及通过的电流相关，该现象被称为汤姆孙效应。由于汤姆孙热在热电材料服役过程中对能量转换产生的贡献很微小，因此在热电器件设计以及能量转换分析中常常被忽略。

那么，究竟该如何评价材料的热电性能？如何评价热电器件的转换效率？如何评价热电制冷器件的最大制冷量？如何评价热电发电器件的最高输出功率？20世纪初，德国科学家 Altenkirch 提出了相对完整的温差制冷和发电的理论，并指出理想的热电材料需要高的泽贝克系数以确保大的温差电势，需要高的电导率以减少焦耳热，同时还需要低的热导率 κ 以确保较大的冷热端温差。这些值所反映的热电综合性能可以通过一个无量纲热电优值 ZT 来表示[1]，即

$$ZT = \frac{S^2\sigma}{\kappa}\ T \qquad (1\text{-}1)$$

式中，S 为材料的泽贝克系数，σ 为材料的电导率，κ 为材料的总热导率（即电子热导率 κ_e 和晶格热导率 κ_{lat} 之和），T 为绝对温度，$S^2\sigma$ 为材料的功率因子。而前面三个热电参数之间相互关联，此消彼长，很难通过单一调控其中某个物理参量实现热电优值的大幅提升，这样的复杂关系也使得获得高的热电优值 ZT 成为巨大的挑战。

转换效率 η 是衡量热电器件性能的重要指标。结合前面知识，我们了解到热电器件的转换效率主要包括温差发电的最大发电效率 η_{max} 和温差制冷的最大制冷效率 ϕ_{max}，即[2-3]

$$\eta_{max} = \frac{T_h - T_c}{T_h}\frac{\sqrt{1 + ZT_{ave}} - 1}{\sqrt{1 + ZT_{ave}} + T_c / T_h} \qquad (1\text{-}2)$$

$$\phi_{max} = \frac{T_c}{T_h - T_c}\frac{\sqrt{1 + ZT_{ave}} - T_h / T_c}{\sqrt{1 + ZT_{ave}} + 1} \qquad (1\text{-}3)$$

式中，T_h 和 T_c 分别代表热端温度和冷端温度，ZT_{ave} 为热电材料的平均热电优值，可表示为：

$$ZT_{ave} = \frac{\int_{T_c}^{T_h} ZT\mathrm{d}T}{T_h - T_c} \qquad (1\text{-}4)$$

可以看出，热电器件的转换效率与 ZT_{ave} 有着密切的关系。为了得到较高的转换效率就需要理想的热电材料在整个工作温区实现较高的热电优值。大量的研究结果表明，半导体材料具有较高泽贝克系数、优异的电导率和较低的热导率。目前科研工作者主要在半导体体系中寻找高性能的热电材料，致力于研究出具有高转换效率的热电器件。

热电材料的发展

尽管人们很早就对热电效应有了初步认识，但受限于早期的材料制备技术和薄弱的固体物理理论，金属材料间微弱的热电效应在那个电与磁蓬勃发展的时代并未引起人们的广泛关注，导致热电效应当时仅应用于测温的热电偶方面。随着固体物理理论的建立以及大量新型半导体材料的发现，热电材料的发展迎来了生机盎然的春天。热电材料的种类十分繁多，可以按照不同的标准，如使用温度范围、材料种类等进行划分。按使用温度范围分类，通常以无量纲热电优值的最大值所在的温度为依据来进行划分。这样一来，我们可将热电材料分为三大类：低温区（<500 K）热电材料、中温区（500 K ～ 900 K）热电材料和高温区（>900 K）热电材料。下面我们将介绍限定温域的 3 种代表性热电材料和课题组开发的宽温域的硫族层状宽带隙热电材料。

1. 低温区热电材料：碲化铋基热电材料

碲化铋（Bi_2Te_3）基热电材料是目前低温区综合性能最好，且唯一实现商业化应用的热电材料。Bi_2Te_3 基热电材料主要由元素周期表中 V 族的 Bi 元素和 VI 族的 Te 元素组成。Bi 和 Te 这两种元素的电负性差异性较小，有助于载流子传输，使得 Bi_2Te_3 基热电材料具有良好的电传输性能。同时，

穿梭于火与冰之间的「魔法师」—— 热电材料

Bi_2Te_3 基热电材料也是一类分子量较大且化学稳定性较好的化合物。

从图 3（a）所示可以看出，Bi_2Te_3 基热电材料的晶体结构属于三方晶系。沿着 c 轴的方向，晶体呈六面体层状结构，每一层原子均按照 -Te^1-Bi-Te^2-Bi-Te^1- 的顺序排布。Te^1 和 Te^2 分别代表具有不同成键状态的两种 Te 原子。由于这些六面体的层间仅存在较弱的范德华力，因此 Bi_2Te_3 基热电材料很容易沿着层面方向解理分离。图 3（b）所示为 Bi_2Te_3 基单晶材料，而图 3（c）所示的 Bi_2Te_3 基单晶材料在加工过程中极易沿生长方向解理，这为器件长时间的服役埋下了隐患。

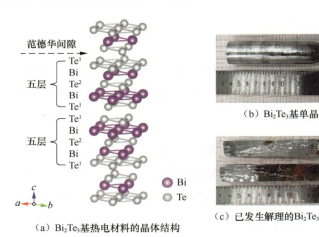

（a）Bi_2Te_3基热电材料的晶体结构

（b）Bi_2Te_3基单晶

（c）已发生解理的Bi_2Te_3基单晶

图 3　Bi_2Te_3 基热电材料

从晶体结构的各向异性可以看出，Bi_2Te_3 基热电材料在机械力学性能和电热传输性能等方面均具有显著的各向异性。沿着平行于解理方向的电导率大于垂直于解离方向的电导率，而前者的热导率通常是后者的 2 倍左右。由于电传输的各向异性程度明显大于热传输的各向异性程度[4]，故 Bi_2Te_3 基热电材料的最大热电优值往往体现在平行于解离面的方向上，实际应用中也都是沿着解离面方向切割材料组备制冷元件。

为了避免 Bi_2Te_3 基单晶材料因解离带来的隐患，大量研究工作围绕 Bi_2Te_3 基多晶材料的制备展开。Bi_2Te_3 基多晶材料常用的制备方法有球磨结合快速等离子体烧结、旋甩结合热压烧结以及熔融退火结合快速等离子体烧结。图 4 所示为熔融退火结合快速等离子体烧结工艺制备 Bi_2Te_3 基多晶材料的流程，主要包括熔融、退火、研磨、烧结、切割等。Bi_2Te_3 基多晶材料也会呈现出一定的取向性，该取向性的强弱程度与原料的粉末颗粒度及具体的制备工艺密切相关。

图 4　熔融退火结合快速等离子体烧结工艺制备 Bi_2Te_3 基多晶材料的流程

2. 中温区热电材料：碲化铅基热电材料

碲化铅（PbTe）基热电材料是一种优异的中温区热电材料，由 PbTe 基热电材料组成的热电器件已成功地应用到一系列深空探测任务中。PbTe 基热电材料主要由元素周期表中 IV 族的 Pb 元素和 VI 族的 Te 元素组成，具有图 5（a）所示的立方晶体结构。尽管 PbTe 是一种简单的二元化合物，但它的以下诸多特性使其一直是热电领域的研究热点：高对称性的晶体结构带来较高的电导率；复杂的电子能带结构为电传输优化提供了广阔的可调空间；在立方晶格中，Pb 原子的强烈热振动会带来显著的非谐性使基体表现出低的晶格热导率。

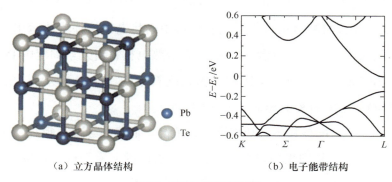

（a）立方晶体结构　　　　　（b）电子能带结构

图 5　PbTe 基热电材料

PbTe 的电子能带结构如图 5（b）所示，不难看出位于上方的导带和位于下方的价带存在着明显的差异。在导带中，能带差高达 0.45 eV；而价带中的能带差在 0.15～0.2 eV[5]。同时，导带为具有低有效质量的单带，而价带明显为具有高有效质量的多带。电子能带结构的差异使得 PbTe 在 n 型和 p 型方面的热电性能存在巨大差异，并且研究者优化这两类材料的策略也会有所不同。如图 6 所示，已报道的 p 型 PbTe 的 ZT 最大值在 923 K 时高达 2.5，并且多种方法都能使其 ZT 的最大值大于 2.0[6]；已报道的 n 型 PbTe 的 ZT 最大值在 800 K 时高达 2.2[7]，在 PbTe-InSb 体系[8] 和 I、Sb 共掺杂体系中的 ZT 的最大值在 773K 时均已达到 1.8[9]。

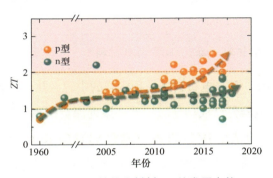

图 6　PbTe 基热电材料 ZT 的发展态势

3. 高温区热电材料：硅锗合金热电材料

硅锗（SiGe）合金热电材料是目前较为成熟的一种高温区热电材料，早在 1965 年该材料就被选作热电发电器中的热电模块并成功运用于外层星系空间探测器——旅行者号。SiGe 合金热电材料由元素周期中 IV 族的 Si 元素和 Ge 元素组成，晶体结构为金刚石结构，如图 7 所示。SiGe 合金热电材料在 1000 K 高温时，其 ZT 接近 1。

单质 Si 和 Ge 材料不仅功率因子数值高，而且热导率也很高，所以这两种材料，并不是理想的热电材料。但当这两种元素形成 $Si_{1-x}Ge_x$ 合金以后，由于该体系在电性能方面的下降远不如热性能方面下降得显著，因此整体可以获得较大的 ZT。如图 8 所示，这两种单质可以形成连续固溶体 $Si_{1-x}Ge_x$。根据 $Si_{1-x}Ge_x$ 合金组分的不同[3]，该合金材料的物理性能，如晶格常数、密度、熔点、德拜温度等数值会在两种单质对应的数值之间发生变化。因此，通过调整 $Si_{1-x}Ge_x$ 中组分变化来优化热电性能，也是该合金作为热电材料的显著特征之一。

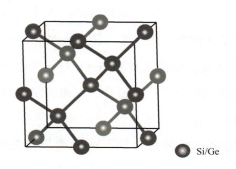

Si/Ge

图 7　SiGe 合金热电材料晶体结构

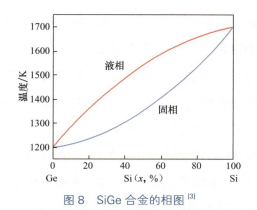

图 8　SiGe 合金的相图[3]

有趣的是，组分为 $Si_{0.15}Ge_{0.85}$ 合金的 ZT 并不是最高值。研究数据表明，采用 Si 含量较高的合金有助于获得高的 ZT。已报道的具有纳米结构的 $Si_{80}Ge_{20}$ 基热电材料中，p 型的 ZT 最大值在 923 K 时可达 0.79[10]，n 型的 ZT 最大值在 923 K 时高达 1.3；也有理论预测 SiGe 合金在 900 K 时可获得的 ZT 高达 1.7[11]。

4. 宽温域热电材料：锡硫族层状宽带隙热电材料

当前，多个热电材料体系的 ZT 正被不断被刷新，但 ZT 最大值往往局限于指定温区。然而可实现高效转换的热电器件会要求热电材料在整个工作温度区间具有较高的 ZT，这就要求热电材料的热电性能不随温度发生剧烈变化。传统的热电材料主要以碲化铋（Bi_2Te_3）和碲化铅（PbTe）等块体窄带隙材料体系为主，但这些体系仍存在性能温区太窄、元素储量有限、不够环保等诸多问题。近年来，研究人员相继开发出了高效且环境友好的的锡硫族层状宽带隙热电材料 SnQ（Q = Se, S），由于该体系的热电性能在宽温域范围内获得了巨大提升，进而引发了热电领域对于这类宽带隙热电材料的研究热潮。

SnSe 是一种稳定简单的化合物，由元素周期表中 IV 族的 Sn 元素和 VI 族的 Se 元素组成。2014 年，本课题组组长赵立东教授首次发现了 SnSe 晶体材料作为一个二元小晶胞化合物具有极低的本征热导率。[12] 一般来说，大部分具有低本征热导率的材料不是具有复杂的晶体结构，就是包含重原子，并由这两者作用阻碍声子散射，获得低热导率。而在 SnSe 晶体材料中为什么会出现这一反常现象？课题组的研究表明：SnSe 晶体材料可引起强的非谐振效应，使其有较低的本征晶格热导率。

SnSe 晶体材料在室温的晶体结构为层状正交晶体结构。图 9 所示为室温下 SnSe 晶体材料的晶体结构和其沿 3 个轴向的投影 [12]。可以看出，在 Sn 的周边围绕着 7 个 Se 原子，Sn 和 Se 的 7 个键可细分为 4 个沿着面内方向连接的强键和 3 个沿着面外方向连接的弱键，因此形成了一个高度畸变的 $SnSe_7$ 多面体。不难理解，由于两种不同类型的 Sn-Se 键，使得 SnSe 晶体沿着 bc 面内方向容易发生解离。由于这个结构特征，SnSe 常被认为是二维热电材料。但是与传统的 Bi_2Te_3 基热电材料不同，SnSe 晶体材料内部的价键并不是范德华力。因此，准确地说，SnSe 晶体材料是一种介于二维和三维之间的层状热电材料。

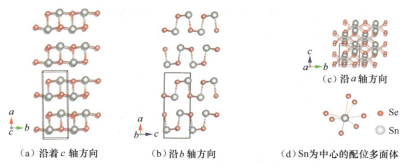

（a）沿着 c 轴方向　　　（b）沿 b 轴方向　　　（c）沿 a 轴方向

（d）Sn为中心的配位多面体

图 9　室温下 SnSe 晶体材料的晶体结构

SnSe 晶体材料这种特殊的晶体结构会引发向异性极强的电、热传输特性。在电性能方面，本征 SnSe 晶体材料在沿面内方向的室温载流子迁移率（250 cm^2・V^{-1}・s^{-1}）比沿垂直面内方向的迁移率高 10 倍；在热传导方面，SnSe 晶体材料在沿面内方向的热导率近乎是沿垂直面内方向的热导率的 2 倍。值得注意的是，泽贝克系数显示出几乎各向同性的行为，即与晶体学方向无关。

SnSe 晶体材料作为极具潜力的热电材料，不仅因非谐振效应具有极低的晶格热导率，而且其复杂的多带结构也为后续的电性能调控提供了较大的空间。2016 年，本课题组率先在《科学》杂志上报道高电导率和多价带结构的 Na 掺杂 SnSe 晶体材料[13]。这项工作制备出的 Na 掺杂 p 型 SnSe 晶体材料获得的 ZT_{ave} 达 1.34（温度范围为 300 K ～ 773 K）。由于热电器件的热电转换效率是由热电材料的 ZT_{ave} 来决定的，因此，这项工作强有力地证明具有高 ZT_{ave} 的 p 型 SnSe 晶体材料是极具竞争力的宽温域热电材料。

然而，热电器件是由 p 型和 n 型热电材料共同构成的。高热电转换效率的热电器件需要性能相当的高性能 p 型和 n 型热电材料，因此研究与 p 型性能匹配的 n 型 SnSe 热电材料至关重要。2018 年，课题组采用施主元素 Br 在 Se 位进行有效掺杂，使得 n 型 SnSe 晶体材料沿着面外方向（也可理解为层间方向）的 ZT 在 773 K 时高达 2.8 ± 0.5。通过比较 n 型和 p

穿梭于火与冰之间的「魔法师」——热电材料

型 SnSe 晶体材料沿着面外方向的 ZT[38]，不难发现在整个温度范围内，n 型 SnSe 晶体材料的 ZT 优于 p 型 SnSe 晶体材料，如图 10 所示。

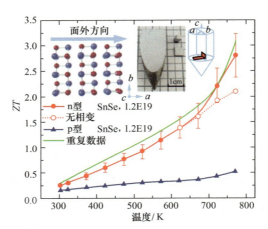

图 10   相同室温载流子浓度的 n 型和 p 型 SnSe 晶体材料沿着面外方向测试的 ZT 对比[14]

我们将这种超高的热电性能归功于 n 型 SnSe 晶体材料面外方向（层间）的 "二维声子 / 三维电荷" 传输特性。这一特性充分利用 SnSe 晶体材料层间的本征低热传导特性（二维声子传输）[14]，通过 Br 元素掺杂促进离域电子杂化，人为增大层间的电荷密度，实现了电子在 n 型 SnSe 晶体材料层间的隧穿（三维电荷传输）。如图 11 所示，这一特性可以形象地描述为：SnSe 晶体材料的层状结构就像一堵墙，可以同时阻碍声子和载流子（电子和空穴）的传输。但通过重电子掺杂后，导带底的电子离域杂化现象增大了电荷密度，在墙和墙之间为电子量身定制了一条传输隧道。结合优异的电传输和层间最低热导率，SnSe 晶体材料（n 型）在面外方向获得 773 K 温度下的 ZT 最大值高达 2.8。

作为 SnSe 的同族类似物，SnS 晶体材料也具有 SnSe 晶体材料类似的晶体结构。如图 12 所示，沿着 a 轴方向（面外方向），SnS 由双原子层状结构叠加而成，该方向上 Sn 和 S 原子成键较长，具有较弱的结合力，因此易解离。沿着面内的 c 轴方向，Sn 和 S 原子呈周期性的弹簧结构排列，但沿 b 轴方向的原子间成键略长于沿 c 轴方向。与 SnSe 相似，这种各向异性的成键差异是 SnS 具有低晶格热导率的主要成因之一。尽管 S 元素和 Se 元素为 IV 族元素的毗邻元素，但两者在地球上的储量丰度（质量百分比）相差甚远。前者的储量丰度高达 4.2×10^{-4}，而后者的储量丰度仅为 5×10^{-8}。因此，SnS 晶体材料是一种储量极其丰富、环境友好、价格低廉的热电材料潜力股。

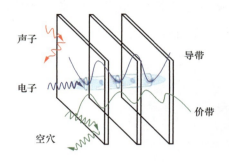

（a）导带底的电子产生离域杂化，增大电荷密度，为电子在层间传输提供通道，声子和空穴受到层的界面阻挡

（b）不受轨道限制的飞机（声子）受到高山（层界面）的阻挡，火车（电子）可以穿越隧道，而汽车（空穴）由于轨道不匹配不能穿越隧道

图 11 SnSe 晶体材料中"二维声子／三维电荷"传输

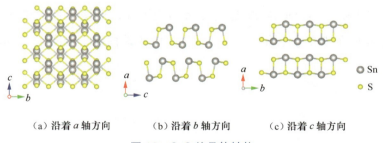

（a）沿着 a 轴方向　　（b）沿着 b 轴方向　　（c）沿着 c 轴方向

图 12 SnS 的晶体结构

　　但 SnS 晶体材料作为热电材料面临的巨大挑战是，硫化物有着更强的电负性和更宽的带隙，这些特质使其电导率较低，室温的载流子浓度仅为 $10^{16} \sim 10^{17} \mathrm{cm}^{-3}$。因此，优化 SnS 晶体材料的电传输性能是提高其热电性能的关键。SnS 晶体材料也具有复杂的能带结构，通过优化载流子浓度，可以让更多价带同时参与电传输，这也是增强电传输性能的手段之一。

2019 年，课题组发现并利用 p 型 SnS 晶体材料的多个能带随着温度的演变规律，通过引入 Se 优化调控了有效质量和迁移率的矛盾，沿着面内方向的 ZT 最大值在 873 K 时高达 1.64，整个测试温区内的 ZT_{ave} 进一步提升到 1.25，理论热电转换效率达到可观的 17.8% 左右。图 13 所示为 SnS 晶体材料中 3 个价带随温度变化的协同互动情况[15]。协同互动包括多个价带经历收敛（增加有效质量和减小迁移率）、相交（收敛与分离）以及分离（减小有效质量和增加迁移率）3 个过程。

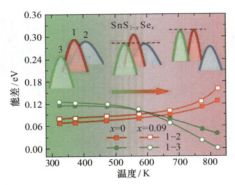

图 13　SnS 晶体材料固溶 Se 前后 3 个价带随温度变化的演变以及对应的能量关系[15]

研究表明，通过固溶 Se 进行能带结构调控，可使价带尖锐化，同时促使更多的价带参与传输，进一步增强了电传输性能，如图 14 所示。

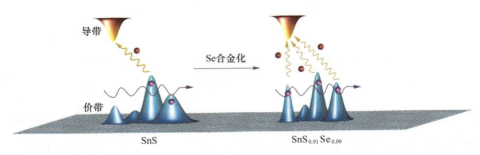

图 14　通过能带结构调控增强电传输性能[15]

如图 15 所示，结合非常高的功率因子和低的热导率，固溶 Se 的 SnS 晶体材料在 873 K 时获得的 ZT 高达 1.6。值得一提的是，其 ZT_{ave} 可以与目前性能优异的 PbTe 和 SnSe 材料相媲美。与其他 IV-VI 族的明星热电材料相比，SnS 晶体在绿色环保和储量丰度方面表现出明显的优势。因此，层状宽带隙 SnS 晶体材料是现今热电领域极具应用前景的新型二维热电体系之一。

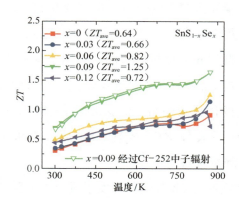

图 15　$SnS_{1-x}Se_x$ 晶体材料样品随温度变化的 ZT

2020 年，课题组在《科学》杂志上发表了热电材料方面的观点论文，提出了筛选新型高效热电材料的有效规则：宽带隙、层状和低对称性的晶体材料。以上筛选规则在多种优异的热电材料中已得到验证，如 SnQ（Q=S，Se）、BiCuSeO、$BiSbSe_3$、$Sb_2Si_2Te_6$ 等[16]。图 16 所示为比较几种不同带隙的热电材料在宽温域内的 ZT，作为宽带隙代表的材料 4 在宽温域内有着十分出色的表现。

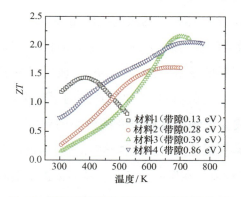

图 16　不同带隙热电材料随温度变化的 ZT

穿梭于火与冰之间的『魔法师』——热电材料

热电转换是一类基于半导体材料的新能源技术，基于佩尔捷效应的电子制冷器件由半导体制冷片搭配散热单元构成，在通电过程中能够实现快速制冷。要获得实现高热电转换效率的电子制冷器件，高性能的热电材料是关键。目前用于半导体制冷的热电材料需要在 50 K ～ 350 K 表现出非常可观的功率因子及热电优值。以目前用于制冷且唯一商业化的热电材料碲化铋为例，其 p 型和 n 型材料的室温功率因子均在 40 μW·cm^{-1}·K^{-2}以上，在 300 K 下的 ZT 则在 1.0 附近及以上。通过前面的研究工作，我们了解在经过一定的优化策略后，p 型 SnSe 晶体材料的室温功率因子已经突破 50 μW·cm^{-1}·K^{-2}，ZT 已实现 0.8，那么 SnSe 晶体材料是否能够发展为新型的热电制冷材料呢？

2021 年，课题组通过 Pb 合金化开发了具有宽带隙（$Eg \approx 33\ k_BT$）的SnSe 晶体材料。本项工作的重点 [17] 在于协同优化 SnSe 晶体材料的迁移率 μ 和有效质量 m^*，将高效电传输性能延伸至室温附近以实现电子制冷。Pb 合金化促进的动量和能量多带对齐导致 SnSe 晶体材料在 300 K 时获得约 75 μW·cm^{-1}·K^{-2} 的超高功率因子和 1.2 的高热电优值。基于获得的高性能 p 型 SnSe 晶体样品，我们课题组首次尝试制作多对热电器件并测试相关性能。如图 17（a）所示，在 500 K 的热端温度下，基于 p 型 SnSe 晶体材料的热电器件能够实现约 4.4 % 的热电转换效率，这一数值与同一温差下唯一商业化应用的碲化铋（Bi$_2$Te$_3$）基热电器件相当；如图 17（b）所示，基于 p 型 SnSe 晶体材料的热电器件能够实现 ΔT 为 45.7 K 的最大制冷温差，这一数值已达到商用 Bi$_2$Te$_3$ 热电器件的 70%，但相比于 Bi$_2$Te$_3$材料，SnSe 晶体材料的成本降低了约 54%，质量减少了约 21%。

随着人们对热电材料内在物理机制理解的不断深入，解耦热电材料的电声耦合关系已成为该领域基础研究的核心问题之一。2022 年，课题组利用 SnSe 晶体材料在层外方向的低热导率特点，通过调节晶体结构对称性，在层外方向改善了载流子在层间的迁移，从而促进了层间方向的电子隧穿，如图 18 所示。这一成果也是 SnSe 晶体材料在层外方向上"二维声子／三维电荷"传输特性的延续，并且揭示该效应在高温下更加显著，可实现更加优异的热电性能[18]。

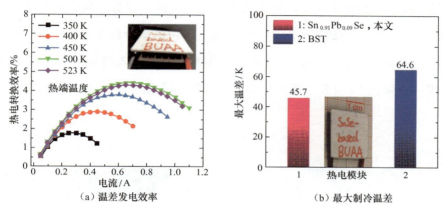

（a）温差发电效率　　　　（b）最大制冷温差

图 17　基于 p 型 SnSe 晶体的热电器件的性能

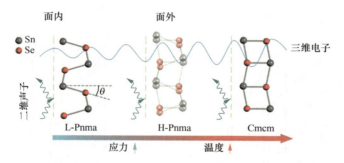

图 18　SnSe 晶体材料利用其层结构抑制了（晶格振动）声子传输，但是与声子不同的电子可通过电子轨道重叠传输实现隧穿

　　根据前期的研究结果可知，SnSe 晶体材料是一种相变材料，当温度升至 600 K ～ 800 K 时，SnSe 晶体材料会发生由低对称性 Pnma (L-Pnma) 相到高对称性 Pnma (H-Pnma) 相，再经历到高温高对称性 Cmcm 相的持续性相变过程。

　　有趣的是，不仅仅是改变温度这一途径，通过掺杂 / 固溶等方式在 SnSe 晶体材料中引入应力同样可以实现晶体结构对称性的调整，从而优化材料的热电性能，如图 19 所示。本工作依次通过在 Se 位掺杂 Cl 元素与在 Sn 位固溶适量 Pb 成功提升了 SnSe 晶体材料的结构对称性，这一结论已经过高温同步辐射实验验证。研究分析表明：在 SnSe 晶体材料中，Cl 元素掺杂比 Br 元素掺杂会使基体具有更低的形变势，从而使由晶格振动（声子）引起的载流子散射大幅降低，即声电耦合程度大幅降低。这一解耦过程可将载流子迁移率 μ 提升近 30%；同时引入适量的 Pb，不但可以进一步强化 Cl 引起的低形变势，还可显著降低约 25% 的晶格热导率。

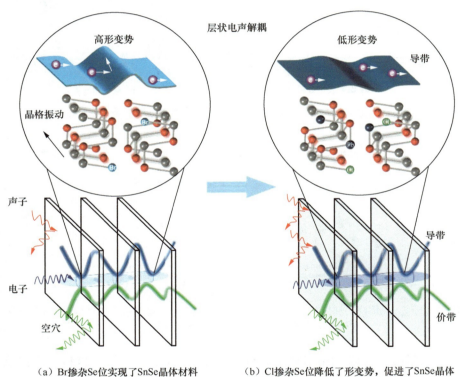

（a）Br掺杂Se位实现了SnSe晶体材料
在层外方向的电子隧穿

（b）Cl掺杂Se位降低了形变势，促进了SnSe晶体材料在层外方向的电子隧穿，同时在Sn位引入Pb，不但进一步强化了Cl引起的低形变势，还可显著降低晶格热导率[14,18]

图 19　声电解耦增强 n 型 SnSe 晶体材料层外二维声子 / 三维电荷传输特性

通过上述声电解耦过程，课题组成功提升了 n 型 SnSe 晶体材料的层外热电性能。如图 20 所示，300 K ～ 773 K 的 ZT_{ave} 由 Br 掺杂的 1.1 提升至 1.7，提升约 54%。

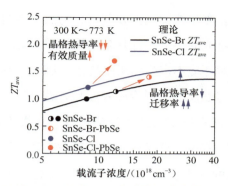

图 20　300 K ～ 773 K 的 ZT_{ave} 与载流子浓度关系（面外）[18]

　　本课题组的主要研究兴趣是利用各向异性解耦热传输和电传输的矛盾，开发宽温域高效热电材料。共同参与这些工作的单位有清华大学的李敬锋教授课题组、武汉理工大学唐新峰教授、南方科技大学的何佳清教授课题组等。此外，这些工作主要得到了国家重点研发计划（2018YFA0702100）、国家自然科学基金委基础科学中心项目（51788104）、国家杰出青年科学基金（51925101）、北京市杰出青年科学基金（JQ18004）、教育部 111 引智计划（B17002）、中国博士后创新人才支持计划（BX20200028）等的资助，并得到了上海同步辐射光源（SSRF）BL14B1 线站和北京航空航天大学高性能计算中心的支持。

热电材料的应用探索

　　随着人们生活水平的提高，人们对于能源的需求和消费正大幅提升，伴随而来的是日益严峻的能源危机和环境危机。根据美国劳伦斯利佛莫尔国家实验室发布的 2021 年对能源的利用流向统计，在各种能源使用中超过 60% 的能源未能得到有效利用，这些损失主要发生在发电和交通两个领域。在发电领域，能量损失率达 64.8%；在交通领域，能量损失率更是高达 78.8%，其中大部分是以废热的形式释放到大气环境中。由此可以看出，如何收集并充分利用这部分能量，提高能源的利用率，已成为解决当今能源问题的关键。废热能源的回收利用，为热电材料的研究应用带来了契机。由热电材料组成的热电器件具备结构简单、无振动、体积小、轻便、安全可靠寿命长、对环境不产生污染等优点。因此，热电器件在深空探测电源、废热收集利用以及电子制冷等领域都有着广泛的用途。

2019 年春节，国产科幻大片《流浪地球》火爆上映，这部电影成功地在国内掀起了一阵不小的航天热。虽然目前人类还不能像影片中描述的那样做出推动地球的惊天壮举，但人类对探索浩瀚宇宙的步伐越迈越稳健。针对地球以外的太阳系内其他行星甚至更远的深空探测已逐渐成为航天大国的重点任务。然而在深空探测过程中，恶劣的环境无处不在。以月球为例，月球上有着长达 14 天的漫长黑夜；白天高温可达 145℃，低温低至 -180℃；没有空气的覆盖，既不能传导热量，也不能传播声音。由此可见，传统的太阳能电池和化学电池并不能满足深空探测的需求。在如此严峻的环境中，放射性同位素电源（Radioisotope Thermoelectric Generator, RTG）因其耐候性好、安全可靠、寿命长的特性已成为深空探测顺利开展的能源保障。RTG 也被称为"核电池"或"原子能电池"，是一种相当出色的供电装置。它的发电原理是将放射性同位素（^{238}Pu、^{210}Po 等）自然衰变过程中释放的热能转换成电能，即温差发电。而这个转换过程就要依赖核电池中热电材料的泽贝克效应。图 21 所示为放射性同位素电源的结构。一般中心部分都是由放射性同位素制成的热源，外围紧贴着热电模块（含有热电材料的换能器）。值得注意的是，热源的辐射剂量较高，需要确保附近仪器设备和工作人员在辐射安全范围之内。

自 1961 年以来，美国至少已有 8 型近 50 个 RTG 应用于多次航天任务中，如阿波罗号、旅行者号、伽利略号、尤利西斯号等，如图 22 所示。为了确保热源安全（核安全），热源和换能器是分开运送的。在阿波罗 12 号航天任务中，最开始的热源是放置在石墨桶内，当登月舱顺利着陆以后，需由航天员手动完成放射性同位素电池的装配 [19]。该电源采用的热电材料为 PbTe 和 $AgSbTe_2$- GeTe（TAGS）。我国于 2018 年 12 月 8 日将嫦娥四号发射升空，在其动力系统中放射性同位素电源也起着至关重要的作用。

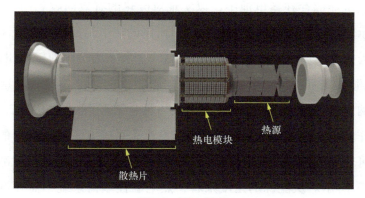

图 21　RTG 结构

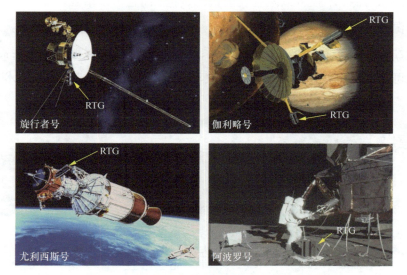

图 22　RTG 热源在多个航天任务中的应用[19]

　　热电技术作为一种全固态能量转换方式，可以实现热能和电能的相互转换。无论是热电发电，还是热电制冷，这些功能在汽车上均得到广泛的应用。图 23（a）所示为汽油在汽车上的应用分布，仅有 25% 的汽油燃烧能量用于汽车驱动，而 40% 带有热量的废气被释放到大气环境。汽车底部的红色圆柱部分为针对高温尾气开展余热回收的热电发电机（Thermoelectric Generation，TEG）。此处安装的热电发电机被设计成可包围汽车排气管的形状，通过充分接触高温尾气，使得即将被浪费掉的热能转换成电能储存在蓄电池中，以实现对废热的有效回收利用[20]。图23（b）所示为浙江玻声电子科技有限公司研制的热电温控座椅系统（黑色海绵中间为热电模块，上下为翅片）；图23（c）所示为美国博伊西州立大学、GMZ能源公司和 Eberspacher 公司共同研制出的热电发电机。这款发电机通过纳米结构的 Half-Heusler 热电块体材料结合新型钎焊工艺，提升了器件工作温度[21]。图23（d）所示为捷温汽车系统有限公司研制的中控区杯托，可轻松调控饮品的温度。当然，也有大家十分熟悉的车载冰箱，如图23（e）所示。从能源的角度来看，热电温控座椅系统不需要汽车发动机提供动力源，不仅可以减轻发动机的负担，而且可以增强汽车的动力性；热电温控座椅系统对环境并无污染，可谓名副其实的"绿色空调"。从客户个性化角度来看，热电温控座椅系统可同时满足不同乘客的温度需求。由此可见，热电技术必将成为未来汽车工业新技术中的一项关键技术。

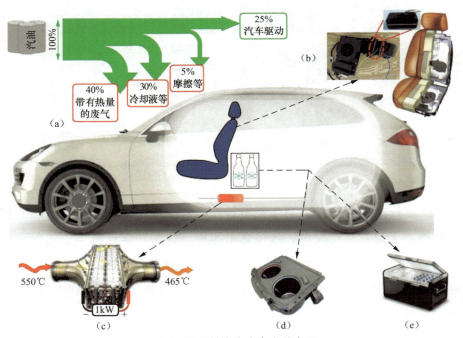

图23　热电技术在汽车上的应用

智能纺织品在增加服装舒适性和提高人们的生活质量等方面正发挥着重要作用，而柔性热电材料作为智能纺织品中的一员，不仅可以满足特种行业和特种场合的需要，而且还能为其他智能纺织品的供电需求提供必要的保障。以碲化铋基热电材料为例，刚性的碲化铋基热电材料（如棒状单晶）显然无法用于直接制备柔性器件。事实上，我们可通过一些有趣的方法来构造出可以弯曲的柔性结构。

研究者利用 $100\,\mu m$ 级热电粒子与柔性聚酰亚胺膜基板首先制作外尺寸为 1 mm 级微器件，然后再对上基板进行无损分割，获得图 24 所示的具有垂直结构的微型柔性热电器件，最小弯曲半径可达 9 mm。这款器件在热端温度为 33 ℃[22]、冷端温度为 13 ℃时，可产生 155.1 mV 的开路电压。不难发现，这个温差的建立可以由人体体温作为热端，环境温度作为冷端。因此，通过串并联多款该微型柔性热电器件，就可以制成一种半永久性的自供电电源，为智能纺织品或穿戴设备供电。

穿梭于火与冰之间的「魔法师」——热电材料

（a）焊接之后器件的内部结构　　　　（b）上基板切割后器件弯曲时的结构

图 24　柔性热电器件结构

为了进一步增大柔性和可穿戴性，采用纤维或纱线等织物开展热电器件的制备方法应运而生。研究者提出了一种低成本且简单的静电喷涂制备高性能碳纳米管纤维的方法，制备工艺如图 25 所示。室温条件下[23]，该柔性器件分别在无温差和有温差（一端为人体手背温度，另一端为环境温度，温差约 33.4 K）两种情况下体现出不同的开路电压。其中，人体与外部环境的温差可立即驱动柔性热电器件产生约 0.7 mV 的开路电压。可见，静电喷涂技术为高性能柔性热电器件的制造提供了新的技术支持。

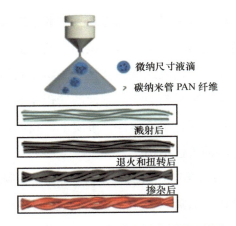

微纳尺寸液滴

碳纳米管 PAN 纤维

溅射后

退火和扭转后

掺杂后

图 25　碳纳米管基热电纤维的制备原理及制备工艺

结语

能源开发与利用已成为世界关注的问题，热电转换技术不仅在废热发电和光热发电等领域有着美好的应用前景，还在航空航天、国防与军工等领域具有不可替代的作用。在国家的大力支持下，我国在热电材料研究领域已经形成了一支强有力的研究队伍。本课题组在研究热电材料的过程中也经历了无数次的失败和瓶颈，在一次次的归零中，我们没有"任性躺平"，而是锲而不舍地进行复盘、调整、再尝试，最终先后发现了硒化锡、硫化锡等新型材料的发电和制冷效应，解决了传统热电材料使用温区窄的问题[24]。

高度集成化、小型化通信技术和电路系统发展以及对低功耗的迫切需求，对热电冷却的发展提出了更高的要求。未来，本课题组将通过提高载流子移动性的基本策略，不断探索新型热电材料和提升传统的热电材料的冷却性能，以制备出更多更好的热电冷却器以满足国家对高性能电子设备发展的新兴需求。本课题组在组长赵立东教授的带领下，将继续以北航的人才引育"驱动引航"工程为发展契机，牢固树立人才是创新第一资源的理念，为北航和国家培养和引育优秀青年科技人才，为适应和引领未来技术变革做好准备，为建设创新型国家做出贡献。

参考文献

[1]   ROME D M. CRC Handbook of Thermoelectrics[M]. Boca Raton, FL: CRC Press, 1995.

[2]   LOFFE A F, STIL'BANS L S, LORDANISHVILI E K, et al. Semiconductor thermoelements and thermoelectric cooling[J]. Physics Today, 1959, 12(5): 42.

[3]   ROME D M, 高敏, 张景韶. 温差电转换及其应用[M]. 北京: 兵器工业出版社, 1996.

[4]   郝峰. 碲化铋基热电发电材料的制备与性能研究[D]. 上海: 中国科学院大学, 2017.

[5]   ZHAO L D, DRAVID V P, KANATZIDIS M G. The panoscopic approach to high performance thermoelectrics[J]. Energy & Environmental Science, 2014, 7(1): 251-268.

[6]   TAN G, SHI F, HAO S, et al. Non-equilibrium processing leads to record high thermoelectric figure of merit in PbTe-SrTe[J]. Nature Communications, 2016(7). DOI: 10.1038/ncomms12167.

[7]   ZHAO L D, WU H J, HAO S Q, et al. All-scale hierarchical thermoelectrics: MgTe in PbTe facilitates valence band convergence and suppresses bipolar thermal transport for high performance[J]. Energy & Environmental Science, 2013, 6(11): 3346-3355.

[8]   HSU K F, LOO S, GUO F, et al. Cubic AgPb$_m$SbTe$_{2+m}$: Bulk thermoelectric materials with high figure of merit[J]. Science, 2004, 303(5659): 818-821.

[9]   ZHANG J, WU D, HE D, et al. Extraordinary thermoelectric performance

realized in n-Type PbTe through multiphase nanostructure engineering[J]. Advanced Materials, 2017, 29(39). DOI: 10.1002/adma.201703148.

[10]　WANG X W, LEE H, LAN Y C, et al. Enhanced thermoelectric figure of merit in nanostructured n-type silicon germanium bulk alloy[J]. Applied Physics Letters, 2008, 93(19). DOI: 10.1063/1.3027060.

[11]　MINGO N, HAUSER D, KOBAYSHI N P, et al. "Nanoparticle-in-Alloy" approach to efficient thermoelectrics: silicides in SiGe[J]. Nano Letters, 2009, 9(2): 711-715.

[12]　ZHAO L D, LO S H, ZHANG Y S, et al. Ultralow thermal conductivity and high thermoelectric figure of merit in SnSe crystals[J]. Nature, 2014, 508(7496): 373-377.

[13]　ZHAO L D, TAN G J, HAO S Q, et al. Ultrahigh power factor and thermoelectric performance in hole-doped single-crystal SnSe[J]. Science, 2016, 351(6269): 141-144.

[14]　CHANG C, WU M, HE D, et al. 3D charge and 2D phonon transports leading to high out-of-plane ZT in n-type SnSe crystals[J]. Science, 2018, 360(6390): 778-783.

[15]　HE W, WANG D, WU H, et al. High thermoelectric performance in low-cost $SnS_{0.91}Se_{0.09}$ crystals[J]. Science, 2019, 365(6460): 1418-1424.

[16]　XIAO Y, ZHAO L D. Seeking new, highly effective thermoelectrics[J]. Science, 2020, 367(6483): 1196-1197.

[17]　QIN B C, WANG D Y, LIU X X, et al. Power generation and thermoelectric cooling enabled by momentum and energy multiband alignments[J]. Science, 2021, 373(6554): 556-561.

[18]　SU L, WANG D, WANG S, et al. High thermoelectric performance realized through manipulating layered phonon-electron decoupling

[J]. Science, 2022, 375(6587): 1385-1389.

[19] 李宜筱. 面向空间核电源应用的高温热电材料和器件的研究[D]. 合肥: 中国科学技术大学, 2020.

[20] YANG J, STABLER F R. Automotive applications of thermoelectric materials[J]. Journal of Electronic Materials, 2009, 38(7): 1245-1251.

[21] ZHAGN Y, CLEARY M, WANG X, et al., High-temperature and high-power-density nanostructured thermoelectric generator for automotive waste heat recovery[J]. Energy Conversion and Management, 2015(105): 946-950.

[22] 杨龙, 尤汉, 唐可琛, 等. Bi_2Te_3柔性热电器件的制备与发电性能研究[J]. 传感器与微系统, 2021, 40(10): 14-16.

[23] JIN L, SUN T, ZHAO W, et al, Durable and washable carbon nanotube-based fibers toward wearable thermoelectric generators application[J]. Journal of Power Sources. 2021(496). DOI: 10.1016/j.jpowsour.2021.229838.

[24] QIN B C, ZHAO L D. Moving fast makes for better cooling [J]. Science, 2022, 378(6622): 832-833.

邱玉婷，2009—2014 年获得中国科学院上海硅酸盐研究所材料物理与化学专业博士学位，2014 年入职北京航空航天大学工程训练中心，现任副教授。长期从事热电材料性能与微结构研究。主持国家自然科学基金青年基金项目 1 项，参与国家自然科学基金委员会专项项目 1 项，参与国家重点研发计划青年科学家项目 1 项。迄今在 *Advanced Energy Materials*、*Energy & Environmental Science*、*Advanced Functional Materials*、*Journal of the American Chemical Society* 等期刊上发表论文 20 余篇。

激光遇上半导体

——热电微器件与超快激光的"美丽邂逅"

北京航空航天大学前沿科学技术创新研究院

祝　薇

激光具有高亮度、高方向性、高单色性、高相干性和偏振等特性，与原子能、半导体和计算机一起被称为 20 世纪最伟大的四项发明，也被称为"最快的刀""最准的尺""最亮的光"。同时，信息技术与物联网等"新基建"产业迫切需要发展微型热电半导体器件，以实现对电子芯片的快速散热和环境微能源捕获的传感器自供电。超快激光微纳制造通过激光与材料相互作用，可以改变材料的物态和性质，从而实现微米至纳米尺度或跨尺度的控形与控性，这项变革性技术的出现同时为热电微器件的一体化兼容集成制造提供了崭新的解决方案。那么，热电微器件与超快激光的"美丽邂逅"会碰撞出什么样的火花？激光与半导体的"跨界＋交叉"式组合发展又蕴含着哪些激光材料作用机理呢？下面将为大家揭晓答案。

激光加工——未来制造系统的通用加工手段

激光 (LASER) 是"受激辐射光放大"(Light Amplification by Stimulated Emission of Radiation) 的简称，是通过人工方式用光或放电等强能量激发特定物质产生的，其本质是原子中的电子吸收能量后从低能级跃迁到高能级，再从高能级回落到低能级时，能量以光子形式释放出来。激光的理论基础起源于 1917 年著名科学家爱因斯坦提出的受激辐射原理，经历 40 多年的理论发展后由科学家梅曼制造出了第一台红宝石激光器，发射出世界上的第一束激光，开启了激光在科学与生产中广泛应用的序幕。梅曼在搭建世界上第一台激光器时就提出激光可以用于材料切割与焊接，为激光在加工制造领域的运用打开了新的大门 [1]。经过半个多世纪的研究开发，激光加工已经成为现代工业系统中不可或缺的加工手段，广泛应用于增材制造、焊接、钻孔、切割、打标等领域。

根据脉宽不同，激光可分为连续激光、准连续激光与脉冲激光。激光的脉宽直接体现其与物质作用的时间，脉宽为连续至纳秒范围时，激光加工属于热熔性加工，主要通过电子对激光光子的共振线性吸收加热材料，使其发生相变或等离子化继而实现材料物相变化与去除 [见图 1（a）]。例如，大功率 CO_2 激光器和 Nd:YAG 激光器就是将光能转换为热能累积在材料中实现热加工。这种伴随显著热过程的加工方式直接催生出激光增材制造技术，其逐层累加实现复杂形状零件成形的技术特点可最大限度地节省材料，并实现零件的个性化定制 [2]，但热影响区的存在会导致激光刻蚀加工或改性的区域不够精细，形貌比较粗糙。此外，随着锁模技术与啁啾脉冲放大技术的发展，高能量的飞秒激光得以由实验室走向生产应用，脉宽接近或小于电子 - 晶格热耦合时间（皮秒量级）时，会产生许多新奇的物理现象。材料基于极强的光电场发生多光子吸收、光致电离和雪崩电离等过程实现光能向材料的传递，此时晶格温度变化很小，维持"冷"加工状态，激光辐射范围外的区域基本不产生热影响，大大提高了加工精度，如图 1（b）所示。通常认为，激光与固体材料的相互作用可以根据时间先后分为载流子激发、载流子热化、载流子复合和结构相变 4 个过程，图 2 所示为几个过程与所对应的时间尺度关系 [3]。

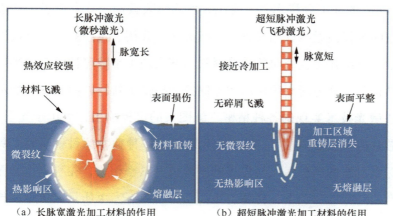

（a）长脉宽激光加工材料的作用　　（b）超短脉冲激光加工材料的作用

图 1　不同脉宽激光加工材料的作用

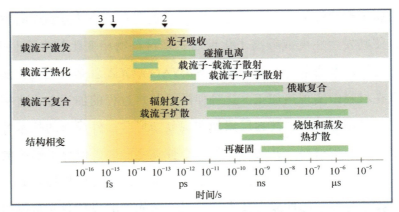

图 2　激光与固体材料相互作用时，载流子激发、载流子热化、载流子复合和结构相变与其对应的时间尺度

随着工业信息化和智能制造需求的推动，超快激光加工为材料加工带来了革命性突破，特别是其热扩散区域小、可突破光学衍射极限、可聚焦透明材料内部和损伤阈值明确等特点，将三维精细加工向微纳尺度稳步推进，形成了激光直写、多光束干涉和投影成形等多种微纳加工技术[4]。例如，日本大阪大学在光敏树脂内部加工出红细胞大小（长 10 μm，高 7 μm）的纳米牛结构，首次利用飞秒激光双光子聚合技术突破光学衍射极限，并获得 120 nm 的加工分辨率[5]。浙江大学邱建荣教授团队发现了飞秒激光诱导的空间选择性微纳分相和离子交换规律，开拓了飞秒激光三维极端制造新技术，首次在无色透明的玻璃材料内部实现了带隙可控的三维半导体纳米晶结构[6]，这为新一代显示和存储技术提供了新的方向。图 3 所示为基于超快激光技术实现的各种精密三维图案的可控加工，可用于光子器件、生物芯片等应用领域[7-10]。超快激光既作为一种独特的科学研究工具与手段去探索自然的奥秘，也与先进的制造技术紧密相关，在科学技术蓬勃发展和产业升级的驱动下，将朝着更高功率、更好光束质量、更短波长、更快频率的方向发展，并在信息化和智能化的助力下，在未来制造系统中成为不可或缺的基石。

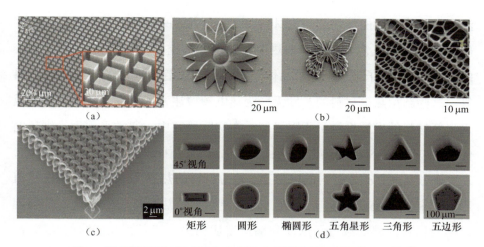

图 3　基于超快激光技术实现的各种精密三维图案的可控加工 [7-10]

什么是热电材料及其功能原理

　　在能源危机和环境污染两大世界性难题的制约下，开发高效、清洁的新型能源转换技术成为人类的使命。热电材料是一类可实现热能与电能直接相互转换的功能材料，热电转换技术具有全固态、无机械运动部件、无噪声、尺寸小、无污染等突出优势，在航天器电源、全固态制冷领域已得到重要应用。热电材料在 2018 年中国科协发布的 12 个领域 60 个"硬骨头"重大科学问题和重大工程技术难题中位居先进材料领域之首，也是美国科学院 2019 年发布的《材料研究前沿：十年调查》中未来十年材料研究的机遇、挑战和新方向之一。

　　按其最佳工作温区不同，传统的热电材料可划分为近室温区热电材料（300 K ～ 500 K）、中温区热电材料（500 K ～ 900 K）及高温区热电材料（900 K ～ 1200 K）。目前研究最为广泛的材料体系包括近室温区的 Bi_2Te_3 和 Sb_2Te_3 体系、中温区 PbTe 和方钴矿（如 $CoAs3$）体系、高温区 SiGe 和半哈斯勒（如 TiNiSn）体系等。其中，Bi_2Te_3 体系及其掺杂物被认为是室

激光遇上半导体——热电微器件与超快激光的『美丽邂逅』

温范围内热电性能最佳的热电材料，也是目前唯一商用的热电材料。随着研究的不断深入，大量的新型热电材料逐渐被挖掘，如以 Mg_3Sb_2 为代表的 Zintl 相 "声子玻璃 - 电子晶体" 材料、以碳管为代表的一维热电材料等，这些新型热电材料的开发无疑为热电领域注入了新鲜血液，为该领域未来新材料的发展提供了无限可能。在实际研究中，通常采用无量纲热电优值 ZT 来衡量材料的热电性能：$ZT=S^2T\sigma/\kappa$，其中 S 为材料的泽贝克系数，T 为绝对温度，σ 为材料的电导率，κ 为材料的热导率。为提高热电优值 ZT，材料需具有高泽贝克系数、高电导率和低热导率，然而这 3 个物理量均与材料内部的载流子浓度和输运密切相关，三者相互制约相互耦合，难以实现独立调控，目前通常采用缺陷工程、能带工程、声子工程等思路以及多尺度微纳结构构筑等方式进行电声输运性能的协同优化 [11-13]。

对于热电功能材料而言，材要成器才能用，典型热电器件内部结构主要是由 p/n 型热电臂阵列、多层金属电极以及高导热衬底（如氮化铝）等组合而成的集成功能体。根据热电器件内热流方向与热电臂之间的相互关系，可将热电器件分为面内型热电器件与面外型热电器件。面内型热电器件以薄膜型为主，热电臂上热流方向与基底平行，因此更易建立温差，实现大电压输出，但由于其热端面积较小且热量易于散失，能量利用率较低。在面外型热电器件中，热流方向与器件基底垂直，这种结构具有结构设计简单、热端面积大、能量利用率高等优点，因此具有较高的能量转换效率和热输出性能。根据不同的热电转换原理，热电器件目前被广泛应用于发电和制冷等多种不同场景，如图 4 所示。例如，将热电器件集成至汽车燃烧室及排气管道中，可利用汽车零部件余热及高温废气发电，从而减低电力成本和二氧化碳排放；大量自然能源，如地热、海洋热能、太阳能等也可被热电器件广泛收集，实现能量转换 [14]；辐射热源也是热电器件的重要热源之一 [15]，同位素热电发电机利用放射源核衰变所产生的热量通过壳体传递到外部热电器件进行发电，输出功率可以从几毫瓦到几百瓦 [16]，具有能量密度高、寿命长、免维护等优点，被广泛应用于深海探测、航空航天任务中；人体作为自然热源具有持续性和稳定性，与环境温差可在 0 ℃～ 40 ℃范围内变化[17]，可穿戴热电器件具备良好的柔韧性，有利于降低接触热阻，提高发电性能，并直接为可穿戴传感器等原位供电[18]；目前最为成熟的 Bi_2Te_3 基块体热电制冷器在热端温度为 300 K 时可在冷端建立最高 81 K 的温差[19]，已被应用于高性能红外摄像机、激光冷却系统、CPU 等芯片和光发射模块的冷却，以提高其灵敏度和降低热噪声；以热电块体器件制作的露点测试仪、医疗冷敷设备、车载冰箱、恒温酒柜等已经广泛应用于工业和日常生活等领域。

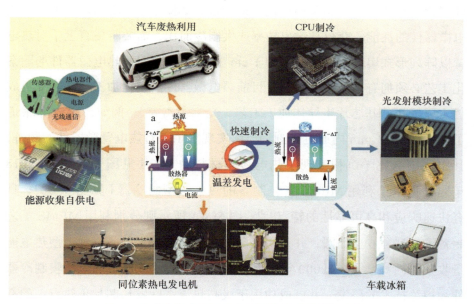

图 4　热电器件应用于发电和制冷等多种不同场景

热电微器件的发展需求与难点解析

随着热电技术的发展，热电器件依靠其独特的物理原理和热电转换特性，在诸多领域展现出巨大的商业前景和不可替代性。随着工业现代化的发展，电子器件小型化和薄膜化成为发展趋势，这对热电器件也提出了微型化的新要求。具有高性能和小体积优势的热电微器件十分契合 5G 通信、物联网等"新基建"产业对电子芯片散热和传感器自供电技术新兴概念的应用需求。例如，目前对芯片级"热点"（热流密度大于 100 W/cm^2）的精确控温需求迫切，微型热电薄膜器件具有快速、精准、高效主动制冷的特点，器件制冷功率密度理论值可高达 1000 W/cm^2，成为大功率电子元器件理想的热控方式。2016 年，美国马里兰大学 Bulman 等利用化学气相沉积法制备出 10 μm 厚的碲化铋基热电薄膜，可实现 258 W/cm^2 的高制冷功率密度，大大超过商用块体热电器件的制冷功率密度[20]，但该器件仅含一对热电臂，制冷面积仅为微米级，如图 5（a）所示。为了发挥热电微器件的性能，获得高输出功率或大制冷面积，需要将成百上千对热电臂以阵列形式串联集成在面积约 1 cm^2 的范围内，因此热电微器件的图案化工艺必须拥有微米级的精度。目前热电微器件图案化加工和高密度集成仍主要依托硅基芯片半导体加工工艺（光刻剥离等）。例如，2017 年报道了在 3 mm×3 mm 内通过光刻剥离法实现了 128 对热电臂微器件的制备，其中利用电化学沉积实现了热电薄膜材料的生长 [见图 5（b）][21]，2018 年同样报道了利用 MEMS 工艺制备的热电微型制冷器 [见图 5（c）]，具有快速响应和高可靠性的特点[22]，图 5（d）所示则分别利用 MEMS 工艺制备了 n 型和 p 型晶圆，并采用晶圆与晶圆键合技术制备得到微型热电能量收集器件[23]。早在 2000 年，美国三角研究所就开展了热电薄膜制冷器件和相关技术的研发，并已成功用于极高热流密度发热芯片（热点）的有效控温。

高性能热电微器件的集成制备涉及热电/电极材料与多层异质界面、图案化加工技术与微纳集成、热管理优化与器件服役可靠性等全流程创新研发链。纵观现况，我国在高性能热电材料的制备上世界领先，然而在热电微器件设计制备上与国外尚存在差距：微器件制备中无法有效引入高性能热电膜材料，器件高密度图案化微纳加工兼容制造技术尚需改进。器件中的多层薄膜界面控制是关键，正如诺贝尔物理学奖得主 Kroemer 教授所说"界面即器件",不同电子材料薄膜间的集成,特别是其界面电子态已成为决定器件性能的关键。随着热电微器件中热电臂尺寸和接触面积的大大缩小,界面调控面临巨大挑战,设计并构筑低阻、高可靠的金半界面逐渐成为热电薄膜器件性能提升和产业化应用的关键之一。特别地,针对热电微器件,传统块体热电器件"自上而下"的切割/焊接技术难以实现高密度小尺寸电对阵列集成,而基于硅基的光刻/剥离工艺烦琐、周期长,也难以兼容高性能热电薄膜与微器件制造,因此亟需发展与高密度阵列热电微器件兼容的非硅基集成制造通用技术。

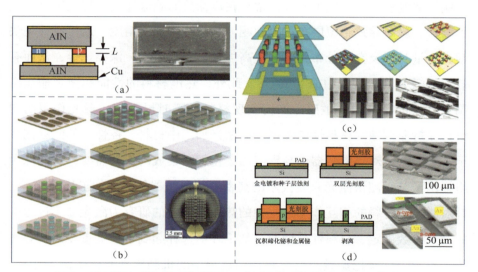

图 5　基于传统硅基半导体微纳加工技术制备得到的不同热电薄膜器件

热电微器件与超快激光的"美丽邂逅"

如上所述,目前所采用的硅基 MEMS 工艺因具有相关工艺技术与产业化设备基础,是现阶段热电微器件制备的主流方法。然而,超快激光微纳制造技术是继硅基集成电路微电子技术后一个新的发展方向,被誉为"未来制造系统的共同加工手段",具有广阔的应用前景。激光在能量、时间、空间方面可选择范围很宽，并可实现精确、协调控制，使得激光既可满足宏观尺度、又能实现微米乃至纳米尺度的制造要求，特别适合三维复杂结构的精密制造。特别地，随着微型新能源器件的快速发展，超快激光更是展现出多维度多材料下图案化、阵列化的非凡加工能力，可以实现高质量、高均一性微型器件的快速制备，在超级电容、可穿戴设备、柔性电子器件等精密制造领域体现出超快激光精雕细琢的显著优势。

将激光加工技术用于热电薄膜材料以及器件的制备目前尚有诸多工艺问题需要突破。在烧蚀加工过程中，激光光束呈高斯分布，光斑的边缘由于能量密度较小、烧蚀不充分，常存在烧蚀热影响区较大、烧蚀边缘形貌不均匀、烧蚀导致熔覆层存在等问题，从而影响加工精度。通过设计超快激光能量时域及空域分布，有望提高加工质量、效率、深径比等，从而有效实现激光刻蚀过程中的"控形"。此外，热电材料的性能和微观输运机制受外场的影响十分敏感，如何实现材料在瞬时局部超快激光作用的同时，保持非刻蚀区材料性能无损，对激光加工中材料"控性"的问题同样至关重要。针对热电微器件高密度图案化加工集成的迫切需要，我们课题组提出了基于超快激光直写技术的高密度热电微器件集成加工技术[24-27]：针对激光与材料的相互作用过程中的热、力效应的研究为激光加工过程中的激光参数确定、材料性质调节、加工环境选择起到了至关重要的指导作用，也为进一步挖掘激光与材料作用过程中的机制机理开辟了高效途径；在激光造成材料热熔损伤的阈值计算方面，建立了薄膜二维有限元模型，获得材料发生热熔损伤时的激光能量密度或峰值功率密度，为实际的激光改性、激光烧结、激光刻蚀过程提供高度实用性的工艺窗口；模拟了烧蚀过程，获得烧蚀后的形貌，最后通过数据处理获得了描述烧蚀深度及大小的经验公式，为激光刻蚀工艺提供高适用性、高精准性的可视化及理论模型；在激光图案化刻蚀的研究中，利用飞秒激光直写技术实现了一种热电微器件高精度阵列图案化的方法［见图 6（a）］；通过研究材料的烧蚀过程和电子晶格温度的数值分析，实现了热电材料与金属电极的选择性去除；

建立了微槽形成质量与激光脉冲能量分布之间的评价标准，通过调控激光能量，实现了形状控制和性能控制的图形加工，并成功运用在高密度热电微器件集成加工过程中 [见图 6(b)]。

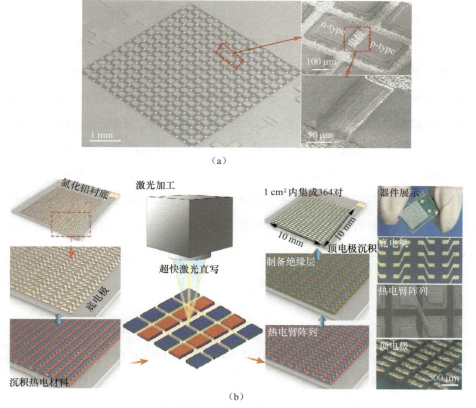

（a）

（b）

图 6　基于超快激光直写技术的高密度热电微器件集成加工技术

结语

　　热电微器件凭借其热电转换特性及独特的芯片级器件尺寸，在众多新兴科技领域显示出不可替代性和光明的应用前景。超快激光是一把加工微纳结构的"手术刀"，通过超快激光与热电材料相互作用，改变瞬时局部材料特性，可以实现纳米至微米尺度乃至跨尺度的控形，成为半导体器件微纳加工的重要技术手段。这样的"跨界"与"交叉"无疑将推动新技术的创新进步，同时通过研究激光作用过程中微观光子与材料中电子、声子的能量耦合机理，激光精确刻蚀薄膜图案形成机制，以及对非刻蚀区热电材料性能的影响规律，有助于更深层次地理解光与物质相互作用的物理实质与科学内涵。

此外，超快激光对局部物质的多光子激发、超强电磁场振荡等效应可以改变物质原子结构，从而成为一支诱导物质改性的"魔术棒"。例如，激光诱导半导体硅、硫化钼、石墨烯过饱和掺杂以及碳化硅表面缺陷态可调控电接触性能等。激光束作用于物体所引起的快速热效应以及高密度高能量光子引发的光化学反应实现载流子的注入，具有掺杂浓度/深度可控、易操作、且对半导体内部载流子迁移率影响小的优点，也为热电半导体薄膜表面重掺杂与组织调控提供了崭新的手段。在此基础上发展器件激光微纳集成加工与兼容的半导体薄膜改性技术，将进一步推动高性能热电薄膜器件的应用化发展。

参考文献

[1]   MAIMAN T H. Stimulated optical radiation in ruby[J]. Nature, 1960(187): 493-494.

[2]   王勇, 周雪峰. 激光增材制造研究前沿与发展趋势[J]. 激光技术, 2021, 45(4): 475-484.

[3]   SUNDARAM S K, MAZUR E. Inducing and probing non-thermal transitions in semiconductors using femtosecond laser pulses[J]. Nature Materials, 2002(1): 217-224.

[4]   邱建荣.飞秒激光加工技术: 基础与应用[M]. 北京: 科学出版社, 2018.

[5]   KAWATA S, SUN H B, TANAKA T, et al. Finer features for functional microdevices-micromachines can be created with higher resolution

using two-photon absorption[J]. Nature, 2001(412): 697-698.

[6]　SUN K, TAN D Z, FANG X Y, et al. Three-dimensional direct lithography of stable perovskite nanocrystals in glass[J]. Science, 2022(375): 307-310.

[7]　TOKEL O, TURNALI A, MAKEY G, et al. In-chip microstructures and photonic devices fabricated by nonlinear laser lithography deep inside silicon[J]. Nature Photon, 2017(11): 639-645.

[8]　POZO M D, DELANEY C, BASTIAANSEN C W M, et al. Direct laser writing of 4D micro-structural color actuators using a photonic-photoresist[J]. ACS Nano, 2020(14): 9832-9839.

[9]　RADKE A, GISSIBL T, KLOTZBUCHER T, et al. Three-dimensional bichiral plasmonic crystals fabricated by direct laser writing and electroless silver plating[J]. Advanced Materials, 2011, 23(27): 3018-3021.

[10]　WU D, WU S Z, XU J, et al. Hybrid femtosecond laser microfabrication to achieve true 3D glass/polymer composite biochips with multiscale features and high performance: the concept of ship-in-a-bottle biochip[J]. Laser Photonics Reviews, 2014, 8(3): 458-467.

[11]　POUDEL B, HAO Q, MA Y, et al. High-thermoelectric performance of nanostructured bismuth antimony telluride bulk alloys[J]. Science, 2008(320): 634-638.

[12]　PEI Y Z, SHI X Y, LALONDE A, et al. Convergence of electronic bands for high performance bulk thermoelectrics[J]. Nature, 2011(473): 66-69.

[13]　BISWAS K, HE J, BLUM I, et al. High-performance bulk thermoelectrics with all-scale hierarchical architectures[J]. Nature, 2012(489): 414-418.

激光遇上半导体——热电微器件与超快激光的「美丽邂逅」

青年拔尖人才说材料化学（第一辑）

[14]   ASSAREH E, ALIRAHMI S M, AHMADI P. A sustainable model for the integration of solar and geothermal energy boosted with thermo-electric generators (TEGs) for electricity, cooling and desalination purpose[J]. Geothermics, 2021(92). DOI: 10.1016/j.geothermics.2021. 102042.

[15]   AMBROSI R M, WILLIAMS H, WATKINSON E J, et al. European radioisotope thermoelectric generators (RTGs) and radioisotope heater units (RHUs) for space science and exploration[J]. Space Science Reviews, 2019, 215(8). DOI: 10.1007/s11214-019-0623-9.

[16]   JAZIRI N, BOUGHAMOURA A, MÜLLER J, et al. A comprehens-ive review of thermoelectric generators: technologies and common applications[J]. Energy Reports, 2020(6): 264-287.

[17]   ZHOU M, AL-FURJAN M S H, ZOU J, et al. A review on heat and mechanical energy harvesting from human—Principles, prototypes and perspectives[J]. Renewable and Sustainable Energy Reviews, 2018(82): 3582-3609.

[18]   CHEN G, LI Y, BICK M, et al. Smart textiles for electricity generat-ion[J]. Chemical Reviews, 2020, 120(8): 3668-3720.

[19]   KIM S I, LEE K H, MUN H A, et al. Dense dislocation arrays embedded in grain boundaries for high-performance bulk thermoelectrics[J]. Science, 2015(348): 109-114.

[20]   BULMAN G, BARLETTA P, LEWIS J, et al. Superlattice-based thin-film thermoelectric modules with high cooling fluxes[J]. Nature Communications, 2016(7). DOI: 10.1038/ncomms10302.

[21]   ZHANG W, YANG J, XU D. A high power density micro-thermoelectric generator fabricated by an integrated bottom-up approach[J]. Journal of Microelectromechanical Systems, 2016, 25(4): 744-749.

[22]   LI G, GARCIA FERNANDEZ J, LARA RAMOS D A, et al. Integrated microthermoelectric coolers with rapid response time and high device reliability[J]. Nature Electronics, 2018(1): 555-561.

[23]   HAIDAR SA, GAO Y, HE Y, et al. Deposition and fabrication of sputtered bismuth telluride and antimony telluride for microscale thermoelectric energy harvesters[J].Thin Solid Films, 2021(717). DOI: 10.1016/j.tsf.2020.138444.

[24]   YU Y, ZHU W, WANG Y, et al. Towards high integration and power density: zigzag-type thin-film thermoelectric generator assisted by rapid pulse laser patterning technique[J]. Applied Energy, 2020(275). DOI: 10.1016/j.apenergy.2020.115404.

[25]   ZHOU J, ZHU W, XIE Y, et al. Rapid selective ablation and high-precision patterning for micro-thermoelectric devices using femtosecond laser directing writing[J]. ACS Applied Materials & Interfaces, 2022(14): 3066-3075.

[26]   YU Y, GUO Z, ZHU W, et al. High-integration and highperformance micro thermoelectric generator by femtosecond laser direct writing for self-powered iot devices[J]. Nano Energy, 2022(93). DOI: 10.1016/j.nanoen.2021.106818.

[27]   YU Y, ZHU W, ZHOU J, et al. Wearable respiration sensor for continuous healthcare monitoring using a micro-thermoelectric generator with rapid response time and chip-level design[J]. Advanced Materials Technologies, 2022, 7(8). DOI: 10.1002/admt.202101416.

激光遇上半导体——热电微器件与超快激光的「美丽邂逅」

　　祝薇，2006—2015 年分别在北京航空航天大学高等工程学院与材料科学与工程学院完成本科和博士学业，2016 年初留校任教，现为副研究员。长期从事热电薄膜材料与器件微纳集成、柔性电子材料与传感器件等的研究。作为负责人承担国家自然科学基金、北京市自然科学基金、浙江省重点研发计划等项目。迄今在 *Advanced Energy Materials*、*Nano Energy*、*ACS Applied Materials & Interfaces* 等期刊上发表 SCI 检索文章 44 余篇，授权发明专利 9 项。

面向未来的高比能电池
——锂-空气电池

北京航空航天大学化学学院

张 瑜

当行驶在马路上，你是否会被节能环保和富含科技感的电动汽车所吸引呢？然而，电动汽车的大范围推广，离不开为其提供动力的电池的发展。目前，以锂离子电池为动力源的电动汽车仍存在续航里程短的瓶颈，人们迫切希望电动汽车拥有超长的续航里程而不用为长途旅程中的多次充电问题所困扰。高比能电池的研制可以有效解决这一问题，故需大力发展高比能电池以推动我国交通的电动化和绿色节能减排。这其中，锂 - 空气电池因具有超高的理论能量密度而被视为下一代二次电池的"圣杯"，有望突破电动汽车续航里程短的瓶颈。但是，锂 - 空气电池在走向应用的道路上仍面临着一系列的科学难题。从负极、电解液和正极等重要电池组分出发，从微观反应机理上攻坚克难，有望构筑出长寿命和高比能的锂 - 空气电池。

为什么需要高比能电池

高比能电池是可以高效储存能量的电源装置，在相同的体积和质量下可比普通电池提供更多的能量。对我们生活中的电动汽车和便携式电子设备（如手机和笔记本计算机等）来说，高比能电池可以大大提高其续航时间，缓解充电焦虑，使我们的生产和生活变得更加快捷方便。从长远看，节能减排是未来经济社会的发展方向，作为新型储能转换技术产品的高比能电池的推广应用将助力能源转型，减少对化石燃料、汽油等传统能源的消耗，可为实现绿色社会的美好明天贡献重要力量。高比能电池包括钠 - 硫电池、锂高温电池和金属 - 空气电池等。其中，钠 - 硫电池的负极为钠（熔融态），正极活性物质为液态硫和多硫化钠（熔融态），陶瓷管作为电解质隔开正、负极。钠 - 硫电池拥有较高的比能量和超长的循环寿命。但是钠 - 硫电池的正常工作需要将电池加热到 300 ℃以使钠金属、硫和多硫化钠熔融。与之类似，锂高温电池的负极为锂，正极活性物质为硫化物等，电解质为熔融盐，电池需加热到 300 ℃～ 600 ℃才能正常工作。锂高温电池储电量大，使用寿命长和可耐高温，但高温会限制它们在一些场合中的应用。金属 - 空气电池包括锂 - 空气电池、钠 - 空气电池、钾 - 空气电池和锌 - 空气电池等，可在室温下运行，具有较高的理论能量密度。相比于其他金属 - 空气电池，锂 - 空气电池具有最高的理论能量密度，因此，本文将详细介绍锂 - 空气电池。

什么是锂 - 空气电池

　　提到锂离子电池大家都不陌生，因为它随处可见，且已经融入了我们的日常生活中。锂 - 空气电池是锂离子电池的一种，以锂金属为负极，采用空气中的氧气作为正极反应活性物质。它的组成主要包括锂金属负极、电解质（用于传导锂离子）以及多孔空气正极（放电产物形成和分解的场所）[1]。以广泛研究的非水系锂 - 空气电池 [见图 1(a)] 为例，放电时锂离子从金属锂脱出，经过电解液传输到多孔空气正极，并在多孔空气正极与氧气反应生成放电产物——过氧化锂。充电时，过氧化锂被氧化分解，重新释放出氧气，而锂离子向负极传导并还原为金属锂。整体来看，在锂 - 空气电池的充放电过程中，氧气被不断地"吸入"和"呼出"，电池仿佛会呼吸一样。锂 - 空气电池因具有非常高的理论能量密度（指在一定的空间或质量物质中储存能量的大小）而被誉为下一代二次电池的"圣杯"。单以锂金属作为活性物质计算，锂 - 空气电池的理论能量密度可达到 1 1400 W·h/kg[2-3]，接近于汽油的能量密度（约 13 000 W·h/kg）。当将反应物氧气的质量也考虑进去时，其理论能量密度为 3500 W·h/kg[4]，而锂离子电池的理论能量密度约为 300 W·h/kg。也就是说，使用锂 - 空气电池作电源的电动汽车的续航里程将比使用相同规格锂离子电池的电动汽车翻倍。

　　根据电解质类型的不同，锂 - 空气电池可分为非水系锂 - 空气电池、水系锂 - 空气电池、水 - 有机系混合型锂 - 空气电池和固态锂 - 空气电池（见图 1)[5]。其中，水系锂 - 空气电池 [见图 1(b)] 以水作电解质。为避免水与锂金属之间的剧烈反应，通常需要使用陶瓷电解质膜将锂负极与水系电解质隔开。水系锂 - 空气电池的放电产物为氢氧化锂，在水中具有很高的溶解度，因此可获得较高的放电容量。水 - 有机系混合型锂 - 空气电池 [见图 1(c)] 在正极区域为水系电解质，负极一侧为有机系电解质，中间的陶瓷电解质膜作为阻挡层防止水和有机溶液相互混合，同时，陶瓷电解质膜也充当离子传导层传导离子。这样的"双室"结构设计既避免了水对锂金属的腐蚀，又可使正极基于氢氧化锂放电产物的生成和分解进行反应。但是水 - 有机系混合型锂 - 空气电池与水系锂 - 空气电池均面临相似的问题，它们所使用的陶瓷电解质膜的机械性能差、易失效，而且成本高。不同于上述电池，固态锂 - 空气电池 [见图 1(d)] 用固态电解质完全取代了液态的电解质，且固态电解质不易挥发、燃烧的特性，提高了电池的安全性。但是，不同于可以自由移动的液态电解质，固态电解质和固态电极之间是固 - 固物理接触，这会造成较高的界面阻抗，进而限制电池性能的发挥。

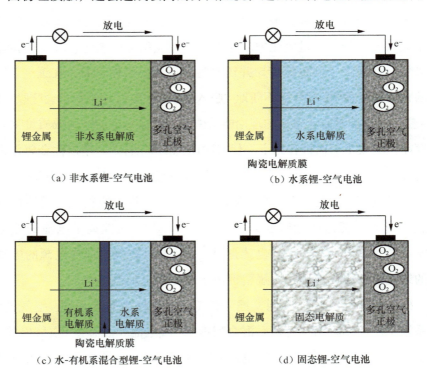

（a）非水系锂-空气电池　　　　　（b）水系锂-空气电池

（c）水-有机系混合型锂-空气电池　　　（d）固态锂-空气电池

图 1　4 种类型锂 – 空气电池 [5]

目前，研究最广泛的是非水系锂 - 空气电池，因为该体系结构较为简单且具有较高的能量密度，更易发挥锂 - 空气电池作为高比能电池的优势[1]。接下来让我们详细了解一下它的工作原理。经典的非水系锂 - 空气电池的放电过程是基于锂和氧气生成过氧化锂的电化学反应，其理论平衡电位在 2.96 V。放电产物过氧化锂的生成需经历两个阶段[6]：第一个阶段，氧气首先得到一个电子被还原生成超氧根阴离子，然后和锂离子结合形成中间体超氧化锂；第二个阶段，超氧化锂在电极表面得到第二个电子，被二次还原生成过氧化锂，这种反应途径被称为表面反应路径；或者超氧化锂溶解在电解质中经过歧化反应生成过氧化锂和氧气，这种反应途径被称为液相反应路径。锂 - 空气电池具体的反应路径与电解质性质和测试温度等有关，且不同反应路径生成的过氧化锂的性质也有所不同。通过液相反应路径生成的过氧化锂的颗粒较大，因此放电比容量相对较高；而经表面反应路径生成的过氧化锂一般为薄膜状产物，放电比容量相对来说较低，但也有一些好处，即放电产物与电极接触面积较大，有利于降低电池的充电过电位。总的来说，非水系锂 - 空气电池从结构和反应机理来看更简单、易于研究和优化，是目前的重点研究对象。

锂 - 空气电池面临的问题

虽然锂 - 空气电池在能量密度方面具有明显的优势，但其实用化仍面临着许多未解决的问题。

（1）对多孔空气正极而言，其作为放电产物形成和分解的场所，它的孔道容易被不断产生的放电产物堆满，进而导致放电过程提早结束，影响电池的放电容量和循环性能。因此，需要设计合适的正极孔道以提供足够的空间来传输氧气和沉积放电产物[4]。此外，锂 - 空气电池涉及电子、锂离子和氧气参与的电化学反应，氧化还原反应动力学缓慢，这造成了电池的极化电势较大和能量转化效率较低等问题，从而影响锂 - 空气电池性能的发挥。为了加速氧化还原反应的动力学过程，正极需要高效的催化剂协助，其中金属和金属氧化物基固体催化剂，如 Au、Pt、Pd、Ru、RuO_2、IrO_2、MnO_2、Co_3O_4、NiO 和 TiO_2 等目前被广泛研究，并表现出了不错的催化效果。除了固体催化剂，液相催化剂因可避免正极被放电产物钝化，使异相反应转化为均相反应，近年来也受到科研工作者的广泛关注。

（2）对有机系电解质来说，其易挥发、易燃的特性使电池存在起火和爆炸的可能，加上锂 - 空气电池是一个半开放体系，电解质可能还会发生泄露，这要求电解质要尽量绿色环保无危害；锂 - 空气电池在工作时会产生一些具有氧化性的物质，有机溶剂分子在受到这些物质的攻击后会分解，进而产生不利的副产物，影响电池的循环性能[7]；锂 - 空气电池对电解质的电化学稳定窗口也有要求，需要设计高电化学稳定性的电解质以减少高充电电压引起的分解[8]；电解质对锂金属的稳定性也是重中之重，如一些有机溶剂本身与锂金属兼容性较差，会不断与锂反应消耗电解质和活性锂，降低电池的循环稳定性；电池循环过程中负极表面生成的固体电解质膜的好坏也与电解质本身的性质密切相关。

（3）对于锂金属负极而言，锂在循环过程中沉积 - 剥离的不均匀性，容易在局部堆积生长，逐渐形成树枝状的锂枝晶而穿透陶瓷电解质膜，造成电池的短路，进而引起严重的安全问题[9]。锂金属负极表面产生死锂后，还会影响剩余活性锂的性能。此外，锂 - 空气电池半开放的特点会使"吸入"的氧气、二氧化碳和水分子等随着电解质传递扩散到锂金属负极，而这些物质都会和活泼的锂金属反应，产生大量的副产物，造成锂金属负极的腐蚀，严重时甚至会引起锂金属的粉化。

以上这些问题都亟待深入研究。目前，科研人员通过研发高效正极催化剂、稳定的无枝晶锂负极和高性能电解质及功能性添加剂，解决了锂 - 空气电池中的部分科学难题，提升了其电化学性能，推动了锂 - 空气电池的发展进程。

高能量密度长寿命锂 - 空气电池的构筑

面对锂 - 空气电池存在的问题，科研人员以"构筑高能量密度长寿命锂 - 空气电池"为核心，通过实验和理论计算相结合，从微观层面揭示了锂 - 空气电池的反应机制，并围绕多孔空气正极、锂金属负极、电解质所面临的问题开展了一系列的研究工作，具体如下：

1. 多孔空气正极孔结构和高效催化剂的设计

锂 - 空气电池的多孔空气正极材料既需要有良好的导电性以保证电子的传输，又需要有疏松多孔的结构来使氧气自由流通。此外，多孔空气正极是放电产物的沉积场所，其孔道结构也会严重影响电池性能的发挥。因此，需要对多孔空气正极的结构、孔隙率和孔径分布等进行合理的设计。若多孔空气正极的孔径和孔体积较小，其就不能提供足够的空间来容纳大量的放电产物过氧化锂。这会引起过氧化锂堵塞多孔空气正极孔道，进而影响锂离子和氧气的传输，导致低的放电容量和较差的电池循环性能。针对该问题，中国科学院长春应用化学研究所张新波研究员团队受蟾蜍产卵启发，将二氧化硅作模板，通过静电纺丝、热处理和模板去除等步骤，制造了具有优良通道和开孔结构的自支撑、无黏结剂的复合大孔纳米碳纤维电极 [10]（见图 2）。该复合电极可促进锂离子和电子的传输，且具有良好的稳定性，并可减少体积变化对电极结构产生的影响。基于这些优点，在 1000 mA/g 的电流密度下，复合电极可释放出高达 13 290 mA·h/g 的放电容量。

此外，该团队还受毛细血管结构启发，以三聚氰胺为前驱体，通过化学气相沉积在不锈钢网格表面上原位生长了互穿分层的无黏结剂、自支撑氮掺杂碳纳米管电极 [11]（见图 3）。采用该正极组装的锂 - 空气电池具有高的电子电导率和稳定的三维互连导电网络结构的协同效应，表现出优异的电化学性能，如高比容量（9299 mA·h/g）和优良的倍率性能。

面向未来的高比能电池——锂 - 空气电池

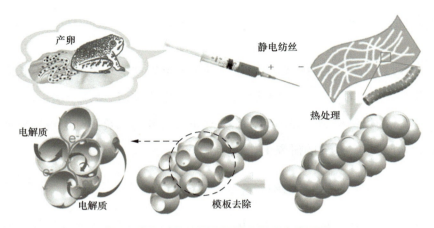

图 2　复合大孔纳米碳纤维电极的合成过程

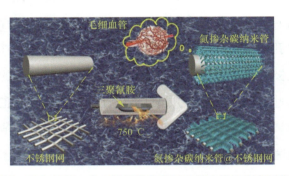

图 3　无黏结剂、自支撑氮掺杂碳纳米管电极的制备过程

　　碳正极在电池充放电过程中会与强氧化性的中间产物发生反应，不利于电池的长期稳定运行。金属具有比碳材料更稳定的优势，被认为是一种理想的正极材料。但是，金属基正极的应用目前还有一些问题需要克服：设计多孔结构以减轻正极的质量，提升能量密度；合理地负载催化剂以加快电池的反应动力学过程。针对这些问题，科研人员以三聚氰胺为模板，通过磁控溅射开发了一种金镍合金层修饰的纳米多孔镍。其中，合金表面直接附着于泡沫镍，从而构筑了一种超低密度复合合金电极（见图 4）[12]。基于复合合金电极的锂 - 空气电池，首圈放电 - 充电过电势仅为 0.68 V，放电容量高达 22 551 mA·h/g，充放电循环可稳定在 286 次。

图 4　超低密度复合合金电极光学照片

2. 稳定的无枝晶锂金属负极的设计

以锂金属为负极的锂 - 空气电池，在充放电循环过程中，锂金属的不断溶解 / 沉积会导致锂枝晶的生长。随后，锂枝晶的沉积 / 溶解不但会引起"死锂"的生成，还可能导致电池的短路，进而引发热失控和爆炸。为此，科研人员做了大量的工作来保护锂金属负极。例如，张新波研究员团队通过简单的超声分散方法，制备了一种稳定、均一分散的含质量分数为 10% 的气相疏水二氧化硅纳米粒子的胶体电解质[13]。利用胶体的静电作用原位耦合气相疏水二氧化硅纳米粒子与三氟甲基磺酸根阴离子，可有效减少锂枝晶的形成以及锂 - 空气电池中不可避免的锂腐蚀情况（见图 5）。虽然该胶体电解质具有非常大的黏度（约比普通电解质高 980 倍），但是其对电解质的离子电导率和浸润性的影响非常小。将相同的锂片浸泡在普通电解质和胶体电解质中，在空气中暴露 30 min 后，浸泡在普通电解质中的锂片已经严重腐蚀并产生了大量的氢气，而在胶体电解质中的锂片仍然光亮如初（见图 5），这证明该策略可以有效缓解锂 - 空气电池中的锂金属负极的严重腐蚀问题。

此外，该团队还利用热塑性聚氨酯和疏水二氧化硅纳米粒子制作了一种稳定、疏水的多功能聚合物保护层[14]，并将其涂覆在锂金属负极上，以防止负极受到有害物质的侵蚀，如图 6（a）、（b）所示。如图 6（c）所示，该保护层有效抑制了水滴与锂片的反应。此外，部分覆盖聚氨酯保护层的

面向未来的高比能电池——锂 - 空气电池

锂片在空气中也具有优异的化学稳定性，如图 6（d）所示。

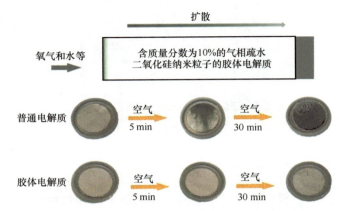

图 5　含质量分数为 10% 的气相疏水二氧化硅纳米粒子的胶体电解质可抑制锂金属负极在空气中的腐蚀

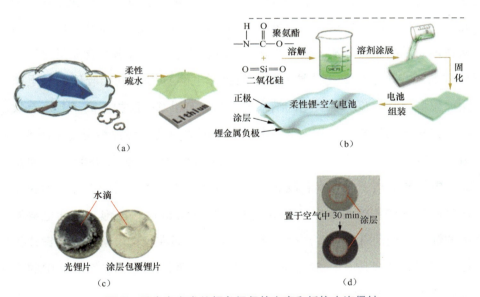

图 6　受伞布启发的锂负极保护方案和抵抗水汽侵蚀

除了非原位引入保护层外，科研人员还通过高温将锂片变成熔融态，再将熔融态的金属锂与聚四氟乙烯微粉进行一步原位反应，在锂负极表面构建了一种多功能互补的氟化锂/氟掺杂碳的梯度保护层（见图7）[15]。这种保护层上层的氟掺杂碳可以捕捉位点均匀电极表面的锂离子流，并调控氟化锂的电子结构使锂离子接近自发地扩散到氟化锂表面，进而均匀沉积在金属锂上。这种原位构筑的梯度保护层集合了高锂离子吸附的表面层以及能快速扩散锂离子的本体层，可以在碳酸酯类以及醚类电解质中有效阻止锂枝晶的生长和腐蚀反应的发生，稳定了电极/电解质界面，同时改善了传质过程和电极反应动力学，最终显著提升了锂-空气电池的电化学性能。

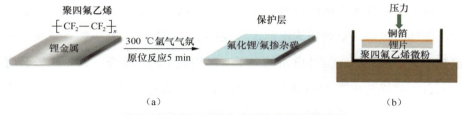

图7　氟化锂/氟掺杂碳梯度保护层的制备

2022年，科研人员还提出了一种将锂盐阴离子氟化并聚合的策略来满足电解质的高锂离子迁移数和有效锂保护的要求（见图8）[16]。他们将锂化Nafion（LN）作为代表性的可溶性全氟聚电解质溶解在二甲基亚砜溶剂中制备了LN聚电解质溶质。该电解质表现出低可燃性、高锂离子迁移数和电导率。其中，LN的阴离子具有比溶剂更低的最低占据轨道能级（LUMO），与超氧化锂具有的强相互作用，可以产生富含氟化锂的固态电解质界面膜来保护锂金属负极，以及减少与超氧化锂相关的副反应。基于这些优点，以LN聚电解质构筑的锂-空气电池实现了超低的充放电过电位（0.30 V，能量效率可达88.5%）、大放电容量、优异的倍率性能以及较长的充放电循环寿命。此外，采用LN聚电解质的软包锂-空气电池也表现出了优异的安全性和可为商用电子设备供电的能力，显示出良好的应用前景。

图 8　聚电解质的设计原理

3. 高性能电解质及功能性添加剂的研究

电解质被称为电池的血液，主要由溶剂和锂盐组成，可能还含有必要的功能性添加剂。电解质为电池反应提供了反应场所，其中锂离子是不可或缺的离子载流子，与外电路的电子一起构成了闭合电路。因为正极会遭受来自于绝缘放电产物和副产物的钝化，所以具有超高能量密度的锂 - 空气电池常常表现出较低的实际放电比容量和较差的充放电循环稳定性。为此，科研人员在锂 - 空气电池电解质中引入了一种醚类氧化还原介体小分子（2,5- 二叔丁基 -1,4- 二甲氧基苯，DBDMB）来捕捉活泼的超氧根自由基以缓解中间产物的强氧化特性[17]。DBDMB 对锂离子和超氧根的强溶解能力不但可以减少副产物的生成（过氧化锂产率高达 96.6%），而且可以通过促进液相放电生成大尺寸的放电产物，避免了电极的钝化，进而获得了较高的放电容量。此外，DBDMB 还可以促进过氧化锂和主要副产物（碳酸锂和氢氧化锂）的共氧化（见图 9），大大延长了电池的循环稳定性（在下限放电容量 1000 mA·h/g 下可充放电循环 243 次）。

为了进一步发挥锂 - 空气电池的高能量密度特性，科研人员提出了氢键辅助含氧放电中间体 / 产物溶解的普适性策略，以诱导锂 - 空气电池遵循液相放电路径。将代表性的 2,5- 二叔丁基氢醌（DBHQ）这种含羟基的抗氧化剂引入电解质中作可溶性的液相催化剂，可促进锂 - 空气电池的液相放电（见图 10）[16]。一方面，DBHQ 的羟基（-OH）可通过氢键（O-H···O）促进超氧根和过氧化锂的溶解而诱导液相放电，进而使加入了 DBHQ 的

锂 - 空气电池的放电容量比普通电池提高了 4 倍多。另一方面，DBHQ 的强溶解性和抗氧化性可以降低氧还原物种的活性，从而提高正极和电解质的稳定性，使得放电产物产率高达 97.1%。得益于 DBHQ 赋予的液相放电能力和其提供的强稳定性，锂 - 空气电池表现出优异的倍率性能和充放电循环稳定性。重要的是，这种氢键辅助的液相放电策略，也适用于含羟基或胺基基团的其他添加剂，并均可使锂 - 空气电池的放电容量获得大幅度提升，这充分证明了这种策略的普适性。

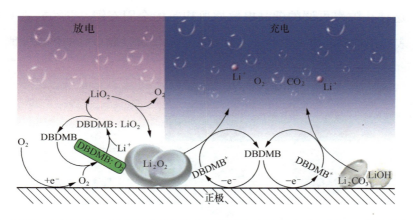

图 9　DBDMB 诱导锂 – 空气电池液相放电及促进放电产物（过氧化锂）和副产物（氢氧化锂和碳酸锂）共氧化的机制

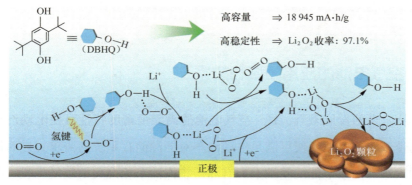

图 10　氢键辅助非质子锂 – 空气电池液相放电过程

采用固态电解质代替有机电解质构筑全固态锂 - 空气电池有望从根本

上解决锂 - 空气电池的安全性难题。然而，高性能全固态锂 - 空气电池的制备面临三大难题，即固态正极中有限的三相反应界面、固态电解质较低的锂离子电导率及电池较高的界面阻抗。为了解决这些难题，科研人员开发出了一种孔隙率可调的塑晶电解质[18]。一方面，在碳材料正极表面原位引入多孔的塑晶电解质以实现锂离子和电子的同步传递，以及保证氧气的快速流动；另一方面，采用具有高离子电导率、柔性、黏附性的致密塑晶电解质作为电解质层，大幅度降低了全固态锂 - 空气电池的界面阻抗。基于这种孔隙率可调的塑晶电解质所构筑的全固态锂 - 空气电池（见图 11）表现出优异的电化学性能，如较大的放电容量和良好的倍率性能。

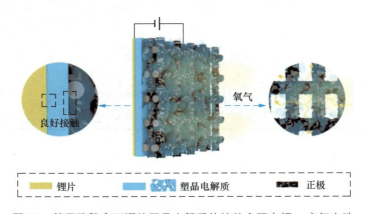

良好接触　　　氧气

锂片　　　塑晶电解质　　　正极

图 11　基于孔隙率可调的塑晶电解质构筑的全固态锂 – 空气电池

锂 - 空气电池的应用领域和前景

从未来的发展来看，锂 - 空气电池的高能量密度特性可使电动汽车不用携带笨重的电池组便可满足电动汽车对能源储存系统的需求，进而使得电动汽车在高效节能的基础上拥有和传统汽油车相媲美的续航里程。在锂离子电池技术日益接近其理论能量密度极限的情况下发展下一代锂 - 空气电池技术无疑非常具有前瞻性[19]。此外，锂 - 空气电池还可以应用在某些特殊领域，如探测无人机、航空器、深海探测器和军用化学电源等。

结语

    非水系锂 - 空气电池作为下一代二次电池的"圣杯"，虽然其应用之路充满挑战，但相信在科研人员的合力攻关和社会资金的不断投入下，这些问题都将会迎刃而解。锂 - 空气电池的成功研制有利于我国能源的清洁化和交通的电动化，是我国实现绿色高质量发展的重要保障。

参考文献

[1] WANG Y. Modeling discharge deposit formation and its effect on lithium-air battery performance [J]. Electrochimica Acta, 2012（75）: 239-246.

[2] OTTAKAM THOTIYL M M, FREUNBERGER S A, PENG Z, et al. A stable cathode for the aprotic Li-O$_2$ battery[J]. Nature Materials, 2013(12): 1050-1056.

[3] JUNG J W, CHO S H, NAM J S, et al. Current and future cathode materials for non-aqueous Li-air (O$_2$) battery technology–a focused review[J]. Energy Storage Materials, 2020(24): 512-528.

[4] AURBACH D, MCCLOSKEY B D, NAZAR L F, et al.Advances in understanding mechanisms underpinning lithium-air batteries[J]. Nature Energy, 2016, 1(9): 16128-16138.

[5] LU J, LI L, PARK J B, et al. Aprotic and aqueous Li-O$_2$ batteries[J]. Chemical Reviews, 2014, 114(11): 5611-5640.

[6] ZHANG P, ZHAO Y, ZHANG X. Functional and stability orientation

synthesis of materials and structures in aprotic Li-O$_2$ batteries[J]. Chemical Society Reviews, 2018, 47(8): 2921-3004.

[7] YAO X, DONG Q, CHENG Q, et al. Why do lithium-oxygen batteries fail: Parasitic chemical reactions and their synergistic effect[J]. Angewandte Chemie International Edition, 2016, 55(38): 11344-11353.

[8] LAI J, XING Y, CHEN N, et al. Electrolytes for rechargeable lithium-air batteries[J]. Angewandte Chemie International Edition, 2020, 59(8): 2974-2997.

[9] FENG N, HE P, ZHOU H. Critical challenges in rechargeable aprotic Li-O$_2$ batteries[J]. Advanced Energy Materials, 2016, 6(9). DOI: 10.1002/aenm.201502303.

[10] YIN Y B, XU J J, LIU Q C, et al. Macroporous interconnected hollow carbon nanofibers inspired by golden-toad eggs toward a binder-free, high-rate, and flexible electrode[J]. Advanced Materials, 2016, 28(34): 7494-7500.

[11] YANG X-Y, XU J-J, CHANG Z-W, et al. Blood-capillary-inspired, free-standing, flexible, and low-cost super-hydrophobic N-CNTs@ ss cathodes for high-capacity, high-rate, and stable Li-air batteries[J]. Advanced Energy Materials, 2018, 8(12). DOI: 10.1002/aenm.201702242.

[12] XU J-J, CHANG Z W, YIN Y-B, et al. Nanoengineered ultralight and robust all-metal cathode for high-capacity, stable lithium-oxygen batteries[J]. ACS Central Science, 2017, 3(6): 598-604.

[13] YU Y, ZHANG X-B. In situ coupling of colloidal silica and Li salt anion toward stable Li anode for long-cycle-life Li-O$_2$ batteries[J]. Matter, 2019, 1(4): 881-892.

[14]　LIU T, FENG X-L, JIN X, et al. Protecting the lithium metal anode for a safe flexible lithium-air battery in ambient air[J]. Angewandte Chemie International Edition, 2019, 58(50): 18240-18245.

[15]　YU Y, HUANG G, WANG J Z, et al. In situ designing a gradient Li^+ capture and quasi-spontaneous diffusion anode protection layer toward long-life $Li-O_2$ batteries[J]. Advanced Materials, 2020, 32(38). DOI: 10.1002/adma.202004157.

[16]　XIONG Q, LI C, LI Z, et al. Hydrogen bond-assisted solution discharge in aprotic $Li-O_2$ battery[J]. Advanced Materials, 2022, 34(23). DOI: 10.1002/adma.202110416.

[17]　XIONG Q, HUANG G, ZHANG X B. High-capacity and stable $Li-O_2$ batteries enabled by a trifunctional soluble redox mediator[J]. Angewandte Chemie International Edition, 2020, 59(43): 19311-19319.

[18]　WANG J, HUANG G, CHEN K, et al. An adjustable-porosity plastic crystal electrolyte enables high-performance all-solid-state lithium-oxygen batteries[J]. Angewandte Chemie International Edition, 2020, 59(24): 9382-9387.

[19]　ETACHERI V, MAROM R, ELAZARI R, et al. Challenges in the development of advanced Li-ion batteries: A review[J]. Energy & Environmental Science, 2011, 4(9): 3243-3262.

面向未来的高比能电池——锂-空气电池

张瑜，北京航空航天大学化学学院教授，"优秀青年科学基金""国家杰出青年科学基金"获得者，兼任中国化学会能源化学专业委员会委员，中国材料研究学会纳米材料与器件分会副秘书长。主要从事电动汽车用储能材料的研究，重点开展了新型高容量锂/钠离子电池电极材料，锂－空气电池电催化剂和柔性锂－空气电池关键材料与器件的功能导向设计、可控构筑和构效关系研究等方面的工作。近5年以通信作者发表 *Nature Chemistry*、*Nature Energy*、*Advanced Materials*、*Advanced Functional Materials*、*Advanced Energy Materials*、*Chemical Society Reviews* 等影响因子大于10的论文18篇；他引2701次，5篇入选ESI高被引论文。

透过现实看到未来的AR秘钥
AR秘钥
——体全息光栅材料

北京航空航天大学材料科学与工程学院

李卫平　史志伟

增强现实（Augmented Reality，AR）技术迅猛发展，不断丰富人们的视觉感官体验。AR 技术能够让用户同时看到真实世界的场景和计算机生成的虚拟对象，并通过实时叠加声音、视频、图形和导航数据来提供有助于人们工作和生活的信息。为确保虚拟和真实图像同时到达人眼，AR 头戴设备透明光学元件的开发是一项重大的技术挑战。体全息光栅衍射波导具有轻薄、全反射、高穿透特性，是轻便可穿戴 AR 设备光学元件的理想解决方案。调控光引发、单体扩散和单体聚合 3 个动力学过程，利用大分子空间阻隔效应防止光引发体系的静态猝灭，都是获得高折射率调制度光致聚合体——全息衍射光栅的关键材料技术。轻、薄高性能全息体光栅材料科学与技术的发展，将与相关学科共同支撑人类不断逐梦视觉体验极限，推动 AR 技术实现我们透过现实看到未来的美好愿景。

AR 技术的发展历程

AR 通过将计算机生成的虚拟信息叠加到真实环境中，以实现人们与现实世界和数字世界的互动，达到超越现实的感官体验。Milgram 和 Kishino[1] 最早提出虚拟连续体（Virtuality Continuum）的概念，并将其描述为一端为真实环境，另一端为虚拟环境，中间为混合现实，在真实环境中添加虚拟信息即为增强现实（AR）。

1968 年，Sutherland[2] 开发出达摩克利斯之剑（The Sword of Damocles）显示系统，被业界认为是虚拟现实和增强现实发展历程中的里程碑之一。

1992 年，Caudell 和 Mizell[3] 在 *Augmented reality：an application of heads-up display technology to manual manufacturing processes* 中首次使用增强现实（Augmented Reality）一词。

1994 年，艺术家 Martin 设计了 *Dancing in Cyberspace*，舞者作为现实存在，与投影到舞台上的虚拟内容进行交互，在虚拟的环境和物体之间婆娑，被公认为世界上第一个 AR 戏剧作品。

1997 年，Azuma[4] 在 *A Survey of Augmented Reality* 中提出，AR 包含 3 个特征：虚实结合、实时交互、三维注册。

1999 年，日本奈良先端科学技术学院的加藤弘一教授和 Billinghurst 共同开发了第一个 AR 开源框架 ARTOOLKIT[5]。

2000 年，Thomas 等 [6] 发布 AR-Quake，被认为是世界上第一款 AR 游戏。

2012 年，谷歌推出了第一款 AR 眼镜 Google Glass，以可穿戴设备的形态重新点燃了公众对 AR 的热情。

2015 年，微软发布了 HoloLens，该设备采用全息显示技术，被誉为体验最好的 AR 设备。

2016 年，手机游戏 Pokemon Go 上线，获 5 项吉尼斯世界纪录认证。

2017 年，苹果进军 AR 领域，发布了 ARKit 增强现实组件。

纵观 AR 设备的发展历程（见图 1），人类渴望利用双眼看到更多超越现实的场景，这驱动着 AR 设备的不断发展，从头盔到手机再到眼镜，从专业用途到日常娱乐 [7]。相信在不远的将来，更加轻便经济的 AR 设备可以为每个人的日常生活提供便利，为人们开启前所未有的生活方式，为世界带来更多可能性 [8]。

体全息光栅衍射波导

根据人眼是否能直接看到真实场景，AR 可大体分为视频透视式 AR 和光学透视式 AR 两种，其基本原理和应用场景如图 2 所示。

视频透视式 AR 由封闭式头戴显示器和摄像机组成，由摄像机提供现实世界视频，该视频与场景生成器创建的虚拟图像融合（合成视频）后，发送到封闭式头戴显示器到用户眼前。视频透视式 AR 在游戏和 App 应用软件中具有很好的应用体验。

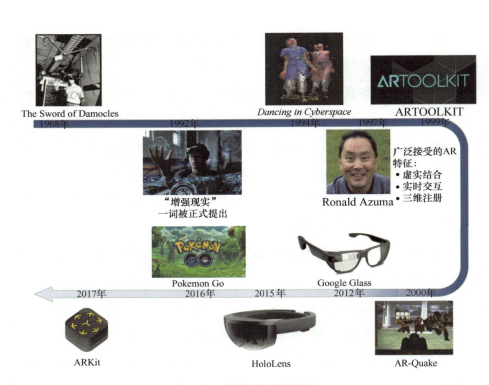

图 1　AR 设备的发展历程

　　光学透视式 AR 是采用光学耦合器将虚拟图形图像与现实世界进行融合，用户可以透过光学耦合器直接看到真实的世界，也可以看到光学耦合器反射的虚拟图像。随着显示技术的进步，光学透视式 AR 由于具有更高的安全性与更加真实的现实世界，在单兵作战态势感知头盔等应用领域逐渐呈现出显著优势[9-10]，其中光波导是实现轻便可穿戴 AR 设备的理想光学方案。

　　光波导（Optical Waveguide）是引导光波传输的介质装置。构成光波导的两个基本条件：（1）传输介质需要具有比周围介质更高的折射率（$n_1 > n_2$）；（2）光进入波导的时候，入射角需要大于临界角 θ_c。满足了这两个条件，光可在光波导中产生全反射，实现将光从光波导传递到人的眼睛。

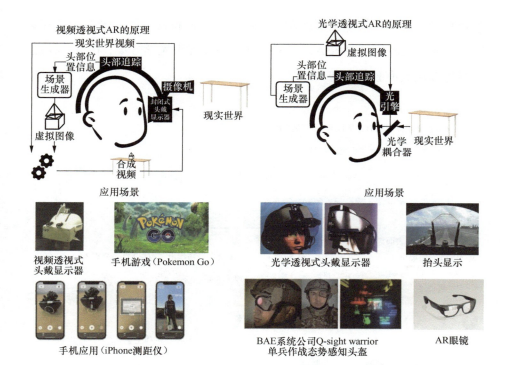

（a）视频透视式 AR 的原理和应用场景   （b）光学透视式 AR 的原理和应用场景

图 2　视频透视式 AR 和光学透视式 AR 的原理和应用场景

光波导从实现手段上可分为几何光波导和衍射光波导两大类，如图 3 所示。一种典型的几何光波导就是透镜阵列光波导，光束通过透镜阵列反射原理来实现图像的无损输出和画面画幅的扩大，这种方法涉及复杂光学器件，在可穿戴 AR 设备上尚不具有优势。

衍射光波导又可分为表面浮雕光栅和体全息光栅，光栅性质由光栅间距 Λ 与折射率（n_a 与 n_b）共同决定。表面浮雕光栅通过刻蚀一道道沟壑来形成不同折射率的对比度，存在色散效应，如图 3 所示的红、绿、蓝三色光束，导致色彩的丰富性、画面的均匀性等性能很难提升。另外，要实现高分辨率的浮雕光栅的雕刻，对光刻的精度也提出了更高的技术要求。

体全息光栅则通过激光干涉条纹在物体内部构建折射率变化形成折射差[11]。体全息光栅波导具有良好的设计自由度、优良的成像效果和较大的视场角，是 AR 技术重要的发展方向，其轻薄特性和外界光线的高穿透特性，为实现轻便可穿戴 AR 设备提供了一种理想光学方案，在 AR 眼镜，头盔等领域具有独特优势[11-15]。

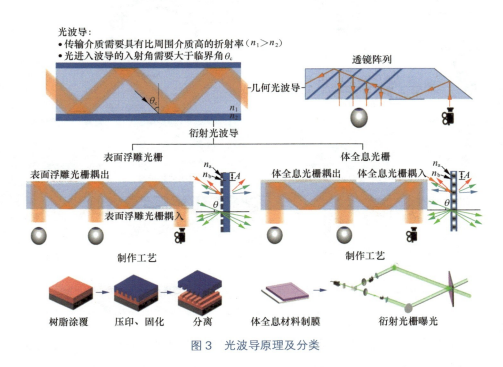

图3　光波导原理及分类

光致聚合物体全息光栅材料

光致聚合物是一类制备体全息光栅的重要材料，通常由成膜树脂（成膜剂）、光引发体系、单体以及其他助剂组成。光致聚合物具有质轻、稳定性好、衍射效率高以及波长选择性好等特点。

如图 4 所示，当两束相干光汇聚光致聚合物表面时，因干涉作用形成明暗相间的干涉条纹，在光强周期分布的曝光条件下，明区的单体将会在光引发体系的作用下发生聚合反应，暗区却不能发生单体聚合反应。随曝光时间的延长，暗区未反应的单体将会扩散至明区发生聚合反应，在光致聚合物内部逐渐形成折射率的周期性分布，最终形成体全息光栅。这种体全息光栅在单束光照射时，会表现出极高的波长选择性与角度选择性，在满足布拉格衍射的条件下，会发生衍射现象，且只表现出 1 级衍射。在将体全息光栅用作衍射光波导中的光学耦合器时，环境光能不受干扰地进入人眼，达到光学透视的效果。

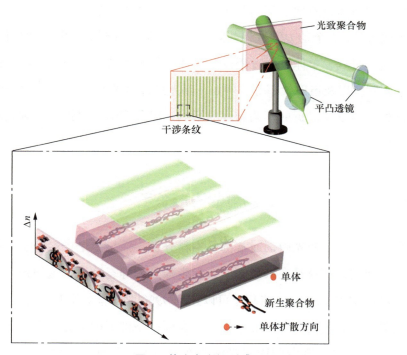

光致聚合物

平凸透镜

干涉条纹

Δn

单体

新生聚合物

单体扩散方向

图 4　体全息光栅形成原理

体全息光栅折射率调制的形成过程

光致聚合物在材料内部形成了稳定性高的折射率调制的体全息光栅，给予了光致聚合物的光调制特性，使体全息光栅可用作 AR 显示设备的输入、输出耦合器。在整个过程中，光引发、单体聚合以及单体扩散 3 个动力学过程是实现高折射率调制度的关键，是实现体全息光栅衍射波导功能的重要环节。

光引发体系通常包含光敏剂与光引发剂。在曝光条件下，光敏剂吸收光子后跃迁至激发态并将能量传递给光引发剂，后者生成初级自由基。高活性的初级自由基与单体发生反应形成链段自由基，此为光引发。

由光引发过程产生的链段自由基依然具有反应活性，将继续引发其他单体发生聚合，这就是单体聚合的过程。在单体聚合的过程中，化学势会驱动暗区的单体自发地迁移到明区，这就是单体扩散过程。

由此可见，3 个动力学过程共同控制着折射率调制形成的速度与程度。调控光引发过程、单体聚合过程以及单体扩散过程就能提升体全息光栅的折射率调制度以及衍射效率等。例如，曝光条件对光引发反应的调控[16-17]，光敏剂种类与浓度对折射率调制度的影响，以及增塑剂对折射率调制度的促进作用[16]。

静态猝灭是高折射率调制度的隐形杀手

光引发体系中的光敏剂通常都是染料分子，而只要是染料分子，都会面临一个问题，那就是在聚集态下会发生强烈的静态猝灭，这种猝灭的程度通常可达 90% 以上，一些甚至可以达到 99%[18]。静态猝灭的宏观表现：在溶液中具有高荧光发射强度的染料，在固态条件下的荧光强度很低，如图 5 所示[19]。这种现象归因于光敏剂在聚集态下彼此之间密切接触发生的强烈激子耦合，造成光敏剂吸收的绝大部分能量被自身消耗，而无法有效地传递到光引发剂，这显然对光引发效率是非常致命的。因此，对抗光敏剂在聚集态下自身的静态猝灭将有望提高光引发体系的引发效率。

溶液　　　　　　　　固体

图 5　光敏剂的聚集诱导猝灭

除上述光敏剂在聚集态下自身的静态猝灭之外，我们发现光引发体系组分之间也存在着一定程度的静态猝灭，对光引发体系的引发效率同样有着消极影响。在我们的研究中，微量硫醇的引入可以帮助光引发体系形成双循环光反应。这种双循环光反应被证明可以提高各组分参与反应的程度并起到类似催化反应的效果，从而将单体转换率从22%显著提高到超过70%，使光聚合物的衍射效率和折射率调制度均显著提高[21]。然而在硫醇的用量进一步提高后，光引发效率却出现下降。深究其原因发现，硫醇和光敏剂之间不仅存在着用于形成环形反应的动态猝灭，还存在源于聚集态下组分之间络合物形成所导致的静态猝灭。我们的研究表明组分之间的静态猝灭严重阻碍了光引发体系的真正潜力。因此，我们说组分之间的静态猝灭是获得高折射率调制度的隐形杀手。

大分子隔离高效引发折射率调制度

对抗光引发体系中的静态猝灭应从增加光敏剂分子的间距着手。当前分离光敏剂分子的方法有两种：一种是给光敏剂分子接枝庞大的取代基，但这项工作十分耗时，而且会改变光敏剂的吸光特性、电子特性等[24]，具有明显的不确定性；另一种是借助主客体包合作用，将光敏剂分子固定在一些大分子的刚性空腔内，进而非常有效地增加了光敏剂分子之间的距离，降低了光敏剂分子的聚集[18-19, 25]。

柱芳烃、冠醚、环糊精、杯芳烃、葫芦脲等是常见的几类具有环状空腔的大环分子（见表1）[26]，它们作为主体与客体小分子组成主客体超分子包结络合物是一个研究热点。这些大环分子根据其重复单元的数目可以有不同大小的空腔尺寸，另外，由于分子结构的不同，空腔内部会形成不同的微环境，为包结不同尺寸与不同特性的客体分子提供了可操作性。例如，冠醚和杯芳烃的空腔可以与阳离子分子形成主客体复合物，环糊精的疏水空腔可以与疏水分子形成包结络合物，葫芦脲的空腔可以容纳带有正

透过现实看到未来的 AR 秘钥——体全息光栅材料

电荷阳离子的疏水客体。

表 1 多种大环分子的比较

特征	大分子名称及结构				
	柱芳烃	冠醚	环糊精	杯芳烃	葫芦脲
形状	柱状	冠状	桶状	杯状	南瓜状
成本	低廉	较高	低廉	较高	很高
溶解性	易溶于非极性溶剂	易溶于多类溶剂	易溶于强极性溶剂	易溶于非极性溶剂	微溶于水
官能度	很高	低	很高	较高	低
同系物	○5,6	◎ 12-24	○α, β, γ-CDs	○ 4-8	◎ 5-8
包结（水）	容易	困难	容易	容易	很容易
包结（油）	容易	容易	困难	容易	不能
柔度	柔性	柔性	刚性	柔性	刚性
对称性	对称	非对称	非对称	非对称	对称

对于葫芦脲而言，光敏剂与其形成包结络合物之后，荧光发射会得到增强，而且用不同种类的葫芦脲与不同配比的光敏剂所形成的包结络合物可以呈现不同的发射特性[27, 31]，有证据表明葫芦脲对荧光发射的增强甚至可以达到 200 倍。环糊精与葫芦脲具有相似的作用，随环糊精含量的提高，光敏剂的荧光发射明显增强[28-29]。但对于杯芳烃，它的作用与环糊精和葫芦脲具有明显的不同，杯芳烃虽然也可以与光敏剂形成包结络合物，但却是促进分子有序的聚集，导致荧光发射随杯芳烃浓度的升高而降低[29]。杯芳烃的这种特性既可能是由疏水力和静电排斥力造成的，也可能与其柔软的分子骨架有关[32]。

由此可见，光敏剂与合适的大环分子形成的包结络合物可以有效地增加光敏剂分子之间的距离，进而抑制其在聚集态下的猝灭，理论上将有助于提高光敏剂传递到光引发剂的能量。然而当前与大环分子包结络合后的光敏剂主要被用于传感、成像、激光等借助其荧光特性的领域，它们在光聚合领域的影响还是未知的。探索与研究这种主客体包结络合物在光致聚合物方面中的表现，将有望获得性能更加优异的体全息光栅。

多学科融合助力 AR 技术

当前，由德国的 Covestro/Bayer、美国的 Dupont、巴西的 Polygrama 以及日本的 Dai Nippon 公司生产的光聚合物已被用于在波导耦合器中实现虚实耦合。这些光聚合物可以被敏化以在特定波长或整个可见光范围上工作。为了推动 AR 技术的进步，实现我们透过现实看到未来的美好愿景，需要研发轻、薄的高性能体全息光栅材料，并需要寻求相关学科的共同支撑。

大视场角的衍射波导材料可以带来更好的沉浸式体验，一直是开发 AR 头戴显示设备的目标材料之一。理想的 AR 显示器应至少具有 80° 的视场角，然而基于光致聚合物的光栅通常仅有大约几度的角度范围，因此必须复用多个光致聚合物光栅以扩大角度范围，轻巧、高效复用结构的设计将会是今后的一个重点发展方向。另外，全色衍射的体全息光栅材料是制造消费电子用的 AR 显示器的基本要求。目前的相关研究进展表明，基于三相多路复用单色全息图来实现的全色全息图的架构可以是单板波导架构，如此简化了组合器，并减少了质量、尺寸和成本，同时提高了产量，但与单色光致聚合物全息图相比，全色相位多路复用全息图的衍射效率仍然很低。美国 DigiLens 公司最新研发的衍射波导材料具有目前最大的折射率调制度，经过结构的设计和记录可以在很宽的波长范围内工作，从而实现全彩色操作，但是在实用性上仍然有待继续努力。

在实际应用中，还需要尽量减少光栅固有色散导致的色差。通常的解决方法是采用多层波导堆叠结构将不同波长的光限制在各自的波导层上。即便如此，仍有两个问题需要考虑。一是，不同波导之间的串扰很难完全消除。二是，同一束来自特定视场的多色光束会传播到外耦合光栅（耦合光栅的耦出端）的不同位置。这会导致图像模糊且周围（尤其是在视场的边缘）不清晰。简而言之，这两个问题都会造成重影，严重影响图像质量。

成本控制也是一个重要挑战。虽然衍射波导很先进、加工制备方法也在不断更新，但与传统的折反射光学波导相比，其成本仍然太高，无法为消费电子市场所接受。随着衍射波导光学性能的提高和设计复杂性的提高，必须同时研究更方便、更低廉的加工方法。

在体全息光栅材料不断优化的同时，为保证图像质量，微显示技术也应齐头并进。未来，随着微显示芯片分辨率的提高和尺寸的减小，将真实世界和虚拟世界与"硬边缘遮挡"相结合几乎成为一种更高的追求，AR头戴显示设备最终也将用于沉浸式虚拟现实应用，实现在 AR 或 VR 之间的任意切换。"硬边缘遮挡"是指通过焦点对准的虚拟图像对现实世界的准确遮挡，这是一个非常困难的问题，但可以肯定这将是未来的发展趋势。

结语

在本文中，我们首先介绍了 AR 技术的发展历程，指出实现轻便可穿戴 AR 设备离不开光波导，在比较几类光波导的本质与特征后，提出了体全息光栅是目前最有优势的候选者；接着介绍了利用光致聚合物制备体全息光栅的形成原理与本质特征——折射率调制度，通过理论与实验的结合讲述了制备过程中存在的 3 个动力学过程及其影响，然后讨论了光致聚合物的光引发体系中发生的静态猝灭对折射率调制度的不利影响并详细阐述了拟采取的解决方法，最后简述了体全息光栅 AR 材料与相关技术的未来发展趋势。

参考文献

[1] MILGRAM P, KISHINO F. A taxonomy of mixed reality visual

displays[J].IEICE Transactions on Information and Systems, 1994, 12(12): 1321-1329.

[2] SUTHERLAND I E. A head-mounted three dimensional display[C]// Fall Joint Computer Conference. Piscataway, USA: IEEE, 1968(33). 757-764.

[3] CAUDELL T P, MIZELL D W. Augmented reality: an application of heads-up display technology to manual manufacturing processes[C]// Twenty-Fifth Hawaii International Conference on System. Piscataway, USA: IEEE, 1992. DOI: 10.1109/HICSS.1992.183317.

[4] AZUMA R T. A survey of augmented reality, presence[J]. Teleoperators and Virtual Environments, 1997(6): 355-385.

[5] KATO H, BILLINGHURST M. Marker tracking and hmd calibration for a video-based augmented reality conferencing system[C]//2nd IEEE and ACM International Workshop on Augmented Reality. Piscataway, USA: IEEE, 1999. DOI: 10.1109/IWAR.1999.803809.

[6] THOMAS B, CLOSE B, DONOGHUE J, et al. ARQuake: an outdoor/indoor augmented reality first person application[C]//Digest of Papers. Fourth International Symposium on Wearable Computers. Piscataway, USA: IEEE, 2000. DOI: 10.1109/ISWC.2000.888480.

[7] AZUMA R, BAILLOT Y, BEHRINGER R, et al. Recent advances in augmented reality[J]. IEEE Computer Graphics and Applications, 2001, 21(6): 34-47.

[8] BILLINGHURST M, CLARK A, LEE G. A survey of augmented reality[J]. Foundations and Trends in Human-Computer Interaction, 2014, 8(2-3): 73-272.

[9] ZHAN T, YIN K, XIONG J. Augmented reality and virtual reality displays: perspectives and challenges[J]. iScience, 2020, 23(8). DOI:

透过现实看到未来的 AR 秘钥 ｜ 体全息光栅材料

10.1016/j.isci.2020.101397.

[10] PARK J H, CHOI M H, SHIN K S. Optical-see-through augmented reality near-to-eye displays with focus cue support[C]//Advances in Display Technologies XII. Bellingham, WA: SPIE, 2022. DOI: 10.1117/12.2607951.

[11] KRESS B, SHIN M. Diffractive and holographic optics as optical combiners in head mounted displays[C]//2013 ACM Conference on Pervasive and Ubiquitous Computing Adjunct. New York: ACM, 2013: 1479-1482.

[12] BAABDULLAH A M, ALSULAIMANI A A, ALLAMNAKHRAH A, et al. Usage of augmented reality (AR) and development of E-learning outcomes: an empirical evaluation of students' e-learning experience[J]. Computers & Education, 2022(177). DOI: 10.1016/j.compedu.2021.104383.

[13] KRESS B C. Digital optical elements and technologies (EDO19): applications to AR/VR/MR[J]. Digital Optical Technologies II, 2019(11062): 343-355.

[14] ROLLAND J, CAKMAKCI O. Head-worn displays: the future through new eyes[J]. Optics and Photonics News, 2009(20): 20-27.

[15] DEY A, BILLINGHURST M, LINDEMAN R W, et al. A systematic review of 10 years of augmented reality usability studies: 2005 to 2014[J]. Frontiers in Robotics and AI, 2018(5). DOI: 10.3389/frobt.2018.00037.

[16] PI H, LI W, SHI Z, et al. Effect of glycerol on an N-vinylpyrrolidone-based photopolymer for transmission holography[J]. Polymers, 2021, 13(11). DOI: 10.3390/polym13111754.

[17] PI H, LI W, SHI Z, et al. Effect of monomers on the holographic

properties of poly (Vinyl Alcohol)-based photopolymers[J]. ACS Applied Polymer Materials, 2020(2): 5208-5218.

[18] BIALAS D, KIRCHNER E, RÖHR M I, et al. Perspectives in dye chemistry: a rational approach toward functional materials by understanding the aggregate state[J]. Journal of the American Chemical Society, 2021, 143(12): 4500-4518.

[19] BENSON C R, KACENAUSKAITE L, VANDENBURGH K L, et al. Plug-and-play optical materials from fluorescent dyes and macrocycles[J]. Chemistry, 2020, 6(8): 1978-1997.

[20] KASHA M, RAWLS H R, EL-BAYOUMI M A. The exciton model in molecular spectroscopy[J]. Pure and Applied Chemistry, 1965, 11(3-4): 371-392.

[21] SHI Z, LI W, PI H, et al. Trace amounts of mercaptans with key roles in forming an efficient three-component photoinitiation system for holography[J]. Materials Today Chemistry, 2022(26). DOI: 10.1016/j.mtchem.2022.100999.

[22] 李卫平, 史志伟, 陈海宁, 等. 多组分光引发体系及光致聚合物材料: CN111410705B[P]. 2021-07-06.

[23] 李卫平, 史志伟, 陈海宁, 等. 非水溶性光致聚合组合物、材料及应用: CN110737173B[P]. 2021-05-14.

[24] KIM H S, PARK S R, SUH M C. Concentration quenching behavior of thermally activated delayed fluorescence in a solid film[J]. The Journal of Physical Chemistry, 2017, 121(26): 13986-13997.

[25] YAMASHINA M, SARTIN M M, SEI Y, et al. Preparation of highly fluorescent host-guest complexes with tunable color upon encapsulation [J]. Journal of the American Chemical Society, 2015, 137(2): 9266-9269.

透过现实看到未来的 AR 秘钥——体全息光栅材料

[26] OGOSHI T, YAMAGISHI T A, NAKAMOTO Y. Pillar-shaped macrocyclic hosts pillar [n] arenes: new key players for supramolecular chemistry[J]. Chemical reviews, 2016, 116(14): 7937-8002.

[27] BARROW S J, KASERA S, ROWLAND M J, et al. Cucurbituril-based molecular recognition[J]. Chemical Reviews, 2015,115(22): 12320-12406.

[28] CRINI G, FOURMENTIN S, FENYVESI É, et al. Cyclodextrins, from molecules to applications[J]. Environmental chemistry letters, 2018(16): 1361-1375.

[29] DSOUZA R N, PISCHEL U, NAU W M. Fluorescent dyes and their supramolecular host/guest complexes with macrocycles in aqueous solution[J]. Chemical reviews, 2011,111(12): 7941-7980.

[30] GE S, DENG H, SU Y, et al. Emission enhancement of GFP chromophore in aggregated state via combination of self-restricted effect and supramolecular host–guest complexation[J]. RSC advances, 2017, 7(29): 17980-17987.

[31] NIE H, WEI Z, NI X L, et al. Assembly and applications of macrocyclic-confinement-derived supramolecular organic luminescent emissions from cucurbiturils[J]. Chemical Reviews, 2022, 122(9): 9032-9077.

[32] 秦占斌. 两亲性磺化杯芳烃纳米超分子组装体的构筑及其功能[D]. 天津: 南开大学, 2014.

李卫平，北京航空航天大学材料科学与工程学院教授、博士生导师。1997 年获得北京航空航天大学腐蚀与防护专业工学硕士学位，2007 年获得北京航空航天大学材料物理与化学专业工学博士学位，2010 年到 2011 年分别到英国剑桥大学、美国西弗吉尼亚大学交流访问。主要从事功能涂镀层和光电信息材料方面的教学和科研工作，主持完成了国家自然科学基金、国家重点研发计划课题、航空科学基金、北京市基础科研等项目 10 余项，发表论文 100 余篇，授权国家发明专利 20 余项。

史志伟，北京航空航天大学材料科学与工程学院在读博士研究生，2017 年于中国地质大学（北京）获得学士学位，2017 年至今在北京航空航天大学攻读博士学位。研究方向为光致聚合物体全息光栅材料。以第一作者的身份发表 2 篇 SCI 论文，授权国家发明专利 4 项。

神奇的电磁隐身材料

北京航空航天大学化学学院

王广胜

1964年，苏联科学家彼得·乌菲莫切夫提到，一个体型非常庞大的飞机，完全能够通过先进的技术，"隐身"在浩瀚的天空中，几年后，美国科学家发展了乌菲莫切夫的理论，开发了隐身技术，F-117隐形战机横空出世，为世界所瞩目。在此之后，电磁隐身技术突飞猛进，各类隐形先进武器层出不穷，电磁隐身性能已成为考量现代武器作战能力的重要标准，这一切都要归功于电磁隐身材料的发展！电磁隐身材料能利用自身与电磁波之间的相互作用来达到降低目标的可探测性。那么，电磁隐身材料与电磁波是如何发生作用的呢？下面我们将从电磁波的利与弊入手，着重概述电磁隐身材料是如何实现隐身功能的。

电磁波的利与弊

电磁波是由方向相同且互相垂直的电场与磁场在空间中衍生发射的振荡粒子波，是以波动的形式传播的电磁场，具有波粒二象性[1]。电磁波是一个热闹的大家族，根据频率的不同，从低频到高频，电磁波可以分为无线电波、微波、太赫兹波、红外线、可见光、紫外线、X射线等，如图1所示。

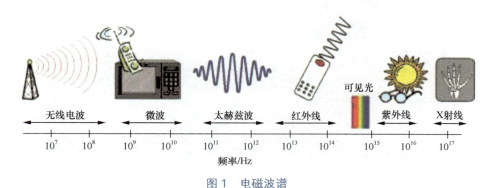

图 1 电磁波谱

众所周知，电磁波的发现为人们的生活带来了巨大便利，大大拓展了人类对于宇宙的认知。航天员进入太空后，在真空状态下，两个人即使面对面大喊，也听不到彼此的声音。那么，航天员们如何进行信息交流呢？

答案就是依靠电磁波。航天员可以利用航天服内部的无线通信装置来对话，无线通信装置会将声音信号转换为电磁波信号，而电磁波信号是可以在真空中传播的，当接收者接收到电磁波信号后，通过解码就可以再转换回声音信号[2]，这种通话方式就像我们平常打电话一样。同样地，航天员和地面之间的通信，同样也要借助电磁波，只不过依靠的是卫星专用的传输设施，将信号传送到地面指挥系统。

除了用于航空航天领域，电磁波在移动通信、家庭网、平流层飞艇通信、遥感技术、自然辐射和灾害事件的研究、隐身和反隐身技术等领域也具有广泛应用（见图 2）。例如，城市的楼群之间难以搭建光纤和电缆，但是在屋顶上悬挂小体积的电磁波收发设备，便可以使局域网络覆盖大楼内部以及整个楼群；遥感技术是 20 世纪 60 年代兴起的一种探测技术，是从远距离感知目标反射的电磁波从而对目标进行探测和识别的技术，目前利用遥感技术既可以对地球表面，包括陆地和海洋的特性，如海浪、盐度、温度、土壤盐度、含水量、谷物生长期、冰雪分布等进行测量，也可以对地球大气层进行监测。

图 2　电磁波在现代社会中的应用

随着人们对电磁波认识的不断深入，科学家发现无时无刻、无处不在的电磁波也会对生物体和自然界带来负面影响。经研究发现，智能手机、笔记本计算机、家用电子产品和电器（如微波炉）等设备会在不同的频率范围内辐射电磁波（见图3），并在大气中造成不良的电磁污染，严重时甚至会干扰设备的正常运行[3]。此外，闪电、太阳黑子活动和宇宙射线等也会产生电磁辐射，导致飞机机体故障、数据损坏、信息丢失、控制信号错误、飞行命令错误甚至坠机。一般来说，由人类设计和开发的各类电子设备所造成的电磁污染被称为人为电磁污染，而由雷、电、火山爆发、地震、太阳黑子活动等自然灾害产生的电磁污染被称为自然电磁污染，自然电磁污染的电磁波频率高、时间短，对社会的和人类的影响远低于人为电磁污染。

(a) 自然电磁污染　　　(b) 人为电磁污染

图3　产生电磁污染的物质及设备

因此，电磁波是一把双刃剑，一方面需要发展新技术来扩大电磁波的正向作用，另一方面也不能忽视电磁波对人类社会产生的危害，这需要科学家们积极寻找消除有害电磁波的方法[4]。目前，随着技术的不断进步，人们发现消除或减弱电磁波的一种行之有效方式是利用电磁波吸收材料（简称吸波材料，也称为电磁隐身材料）。

电磁隐身材料概述

隐身技术涉及多种技术领域，应用十分广泛，从各种武器装备、飞行器

神奇的电磁隐身材料

的隐身到通信设备的抗干扰隐身，已成为现代战争中的秘密武器，在实战中发挥了巨大的作战效能 [5]。许多发达国家斥巨资开展隐身技术的研究以及隐身武器的研制，并将其列为高度机密的研究项目，隐身技术已被列为现代武器系统最受关注的课题之一。从广义上说，隐身技术是通过降低武器或飞行器的光、电、热可探性而达到隐身目的的一种技术。其中，隐身材料在实现隐身中起到了重要作用，也是隐身技术的主要研究内容之一。隐身材料的作用是把外来电磁波能量转换为热能，从而降低了反射波的强度，达到隐身效果。

从军用角度来说，隐身材料是实现武器隐身的物质基础，武器系统采用隐身材料可以降低被探测率，提高自身的生存率，增加攻击性，获得最直接的军事效益。因此，隐身材料的发展及其在飞机、坦克、船舰、导弹上的应用（见图 4），将成为国防高科技技术的重要组成部分。对于地面武器装备，主要防止空中雷达或红外设备探测及雷达制导武器和激光制导炸弹的攻击；对于作战飞机，主要防止空中预警机雷达、机载火控雷达和红外设备的探测及空对空导弹和红外格斗导弹的攻击。为此，常需要隐身材料具有雷达、红外和激光隐身技术。例如，雷达探测主要是向一定空间方向发射高频雷达波，当该波碰到目标物时就会反射一部分波回去，通过接收反射的雷达波信号就能探测到目标物的方位，如果能使反射回波的能量降低到一定程度，以至于接收到的信号弱到无法被雷达接收器所识别，那么目标物就达到了雷达隐身的目的。雷达隐身材料必须能吸收或通过雷达波，尽量减少用于探测的反射波，但对于一般的目标物，通常很难透过大量雷达波，所以雷达隐身所用的材料以吸波材料为主。

除了用于军事领域之外，隐身材料在民用领域的应用也极其重要。近年来，随着 5G 通信技术的发展和相关设备的大范围使用，各种电子设备在给人们的生活带来高效便利的同时，也会对人体健康造成潜在的影响，同时设备之间也极易发生电磁干扰。为了应对日益严重的电磁污染和电磁干扰，迫切需要开发能够满足各种需求的高性能电磁隐身材料。如前所述，隐身材料又称为吸波材料，目前工业用的吸波材料主要适用于电磁兼容、电子仪器设备、高频设备、屏蔽箱以及微波暗室等，产品形式包括吸波片材、吸波灌封胶、吸波涂料等，这些产品被广泛应用于手机、笔记本计算机、数码相机、GPS、无线充电器、RFID、NFC 等领域，有效解决了这些领域所面临的吸波降噪、电磁兼容、隔磁、抗金属干扰、防辐射等问题。以智能手机为例，手机几乎都具有 GSM 移动通信、蓝牙、Wi-Fi、摄像头、多媒体等功能，这使得手机系统内部各个子模块之间存在十分突出的电磁干扰，吸波材料成了其中不可缺少的一部分，如图 5 所示。

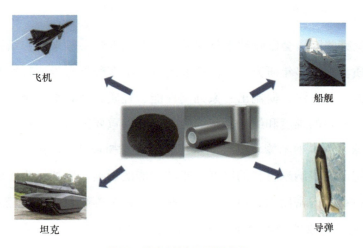

图 4　隐身材料的军事应用

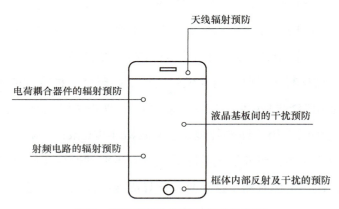

图 5　吸波材料在智能手机中的应用

神奇的电磁隐身材料

新型纳米吸波材料的研究成果

当前，研发高性能电磁隐身材料的必要性不言而喻。基于此，我们课题组面向国家重大需求，围绕新型纳米吸波材料这一前沿领域展开深入研究，突破传统吸波材料的研究方法，着眼于新型纳米吸波剂的改性与制备，近年来在纳米吸波剂的设计与制备、吸波性能调控以及柔性吸波涂层的制备等方面取得了一系列原创性成果。

1. 纳米吸波剂的微纳结构设计与组分精准调控

究竟哪些因素会影响纳米材料的吸波性能呢？一般来说，结构和组成决定性质。经过多年研究，我们课题组发展了多种具有吸波特性的微纳米材料可控制备方法，研制出一系列高性能、轻质、宽频纳米吸波材料，验证了纳米材料的维度和组分是影响吸波性能的重要因素。通过合成零维纳米空心球、一维纳米棒、二维纳米片以及三维树枝状/花状纳米粒子等材料，系统研究了纳米材料的维度对吸波性能的影响。例如，为了解决传统吸波材料存在的密度大、填充量高、吸波频带窄等缺点，开发轻质、低填充量和宽频吸收的吸波剂成为当前研究的重要方向之一。基于此，本课题组制备出由纳米片组成的 $Co_{1-x}S$ 空心球，其平均尺寸为 300 ～ 500 nm，与柔性高分子材料聚偏氟乙烯（PVDF）复合后，当空心球填充量质量分数仅为 3% 的时候即表现出优异的吸波性能，最低反射损耗值在 13.92 GHz 下能够达到 -46.1 dB，相当于电磁波入射到材料表面后，99.99% 的电磁波都能被材料所吸收，由此说明这种空心球是一种有效的吸波剂；此外，我们采用溶剂热法可控制备出枝臂对称型 PbS 树枝晶，创新性地提出通过多元协同作用（即德拜弛豫、Maxwell-Wagner 效应和电子极化作用）改善吸波性能，研究发现其吸波性能发生波动性变化的原因可能是电导率差异，这一工作有利于推动具备优异吸波性能的多功能材料在交叉工程领域得到研究与应用。

除了维度的影响，材料的组分也是影响吸波性能的重要因素之一。将不同组分的材料复合往往会得到不同的吸波性能。我们课题组近年来已成功制备出一系列不同组分、不同形貌的过渡金属氧/硫/碳化物纳米材料，包括 CuS、MoS_2、Co_xS_y、ZnO、MnO_2、Mo_2C 等。最近，我们课题组还研究了不同稀土氧化物的相关吸波性能，基于我国稀土元素种类丰富，产量巨大，由此能够形成多种多样的稀土氧化物，这类氧化物的介电性能可调，因此能够被广泛用于吸波领域的研究中。我们课题组首先研究了二氧化铈（CeO_2）负载于碳基材料上的吸波性能，为了克服石墨烯存在的易团聚、介磁匹配难以控制等缺陷，我们课题组把具有类似石墨烯结构的石墨相氮化碳（g-C_3N_4）用作介电材料，同时引入更稳定的稀土氧化物来调节材料的介电常数，以优化材料的介电性能，从而获得高性能吸波材料。此外，我们课题组还利用稀土元素对前期制备的铁酸铋（BFO）进行元素掺杂替换（比如用元素 Ce、Dy、Eu 替换 BFO 中的元素 Bi），这一工作不仅实现了电磁波的有效吸收，而且在进行稀土掺杂后，样品能够在较低厚度下实现对波的较好吸收，同时吸波性能也因稀土元素种类的不同而不同，说明稀土元素种类能够高效调控复合材料的吸波性能。

2. 发展介磁匹配效应优化吸波性能的可行性策略

为了进一步提升材料的吸波性能，我们课题组将介电型纳米材料与磁性粒子等不同类型的材料进行复合，利用介磁匹配效应大幅增强吸波效果，探究介电损耗和磁损耗之间的协同作用机制，制备出一系列高性能复合吸波材料。我们将 Ni 纳米粒子"串"起来，研究了准一维 Ni 纳米链填充于聚偏二氟乙烯（PVDF）基体中的吸波性能。结果表明这一复合材料在填充量质量分数仅为 20% 的情况下即具有优异的吸波性能，随后我们对 Ni 链进行取向处理，在更高频段（18～40 GHz）范围内研究了 Ni/PVDF 复合材料的吸波性能，结果表明经取向后，Ni 链能够使复合材料在高频范围也具有良好的吸波性能；为了进一步拓宽有效吸波频段，我

神奇的电磁隐身材料

们利用简单的化学法将 Ni 链与还原的氧化石墨烯（rGO）复合，通过调控 rGO 和 Ni 链的添加比例详细地研究了这一复合材料的吸波性能，结果表明当二者的比例为 1 : 1 时吸波效果最佳；除了磁性 Ni 材料，我们还将磁性 Fe_3C 纳米粒子负载于二维 N 掺杂的 C 材料上，结合 CN-Fe_3C 纳米复合材料的磁损耗和介电损耗优化阻抗匹配，从而提升了复合材料的吸波性能。

近年来，金属 - 有机框架材料（MOFs）作为一种新型材料也受到了各领域研究者的追捧。它是由有机配体和金属离子或团簇通过配位键自组装形成的具有分子内孔隙的有机 - 无机杂化材料，那么这种材料的"过人之处"在哪里呢？在 MOFs 中，有机配体和金属离子或团簇的排列具有明显的方向性，可以形成不同的框架孔隙结构，从而表现出不同的吸附性能、光学性质、电磁学性质，它还具有高孔隙率、低密度、大比表面积、孔道规则、孔径可调以及拓扑结构多样性和可裁剪性等优点。近年来，金属 - 有机框架材料由于其自身特殊的物理化学性质也被广泛用于吸波领域研究中，基于金属 - 有机框架材料的结构特性以及课题组前期的研究基础，我们课题组以金属 - 有机框架材料 ZIF-67 作为前驱体，利用简单的化学法并结合退火处理工艺制备出多孔 Co/C 衍生物，同时加入 Ni 盐获得 CoNi/C 复合材料，研究发现双金属组分和空心结构的协同作用有助于优化阻抗匹配，从而能够大幅提升复合材料的吸波性能。当然，不同退火温度会对吸波性能产生不同的影响。

MXene 纳米片也是近年来科研领域的"明星"材料。最近，结合新型二维 MXene 纳米片优异的物理化学性质，我们本课题组提出将结构和组成多样的金属 - 有机框架材料衍生物与 MXene 纳米片耦合以改善电磁响应，并缓解 MXene 纳米片相邻层之间的不可逆团聚和堆积。经研究发现基于 MXene 纳米片结构的特性，通过静电自组装策略将带负电的 MXene 纳米片与其他合适的组分相结合，无疑是一种构建三维结构体系的更为简便有效的策略。通过调整填充量和 $Ti_3C_2T_x$ 纳米片的负载量，可以实现对电磁参数以及吸波性能的调谐，成功制备出"薄、轻、宽、强"的高效吸波体。

3. 柔性吸波涂层的制备

除了以上基础研究，我们课题组也致力于吸波材料的实用性研究，当前已建立中试生产线，主要进行柔性吸波材料的产业化转化研究。截至目前，我们已成功制备出 30 cm × 30 cm 的柔性吸波涂层（见图 6），实现了 2 ～ 110 GHz 全频段有效吸收，并获得了相关专利授权。

图 6　柔性吸波涂层的研究

未来电磁隐身材料的展望

21 世纪以来，人类社会走上了高速信息化的道路，通信方式的革命深刻地改变着人类生产生活方式与信息传播模式。随着 5G 的应用，远程医疗、自动驾驶、智能家居、机器学习等新技术不断涌现，射频设备的功率和数量成倍增加，人们在享受科技进步带来的舒适便捷时，电磁污染也成为了亟须解决的问题。电磁隐身材料的研究是用发展的方法解决发展中的问题，是解决电磁污染的重要途经，是电磁安防、电磁环境保护的重要手段，是信息化社会持续发展的必然要求。

军事与民用领域复杂多变、日益增加的需求对于电磁隐身材料制备技术提出了新的挑战，低厚度、低密度、低频吸收、多波段协同吸收成为了新型电磁隐身材料的发展目标[6]。随着材料科学的进步，纳米材料由于其小尺寸效应、表面效应、结构可调谐等众多优势，成为了具有巨大潜力的新型电磁隐身材料；而固体物理学的进一步发展，详细解析了电磁隐身材料的微观损耗机理，指出了材料电磁参数的设计标准；计算机科学的快速发展，提供了电磁仿真模拟、第一性原理计算等方法，为便捷优化材料结构、模拟计算材料电磁波吸收性能奠定了基础。合成具有优良性能的新型纳米复合材料、系统研究其电磁波吸收机理、通过仿真模拟实现材料参数优化、制备高性能电磁波吸收器件必将成为电磁隐身材料科学未来的发展方向。

1. 电磁隐身材料仿真技术

电磁隐身材料的分析与设计已成为新的研究热点，但传统的解析方法只适用于解决少数简单问题，对于难度较大的高度复杂的现代电磁问题，需采用近似分析的方式与实验证明的方法，同时反复加工、测试才可获得符合要求的设计，这导致了设计工作费时费力、效率低下、研发周期漫长。

在 20 世纪 60 年代出现的微波数值分析方法的基础上，美国 Ansoft公司于 20 世纪 80 年代设计开发了世界上第一个关于微波技术的电子设计自动化软件 HFSS。目前，HFSS 已成为微波工程设计中最基本、最有效的工具之一。HFSS 是基于电磁场有限元方法分析微波工程问题、进行微波工程设计的三维电磁仿真软件，经过多年的不断发展，HFSS 已具有非凡的仿真精度、快捷的仿真速度、易于操作的使用属性、极高的可靠性以及丰富的相关资源，是微波设计的首选工具与行业标准，广泛应用于航空航天、信息通信、电子工程等领域。随着计算机技术的发展，电磁仿真软件的仿真设计能力在不断升级，目前电磁仿真软件依靠网格融合技术，提供了极为先进的并行网格剖分能力，可实现对大型电磁系统的快速仿真，同时电磁仿真软件对于材料电磁参数的设定也进行了优化，可设置材料电磁参数随频率变化，为电磁波吸收材料的电磁吸收仿真提供了条件，通过对电磁隐身材料进行电磁仿真，可快速计算优化材料参数，极大减少了设计过程中所需的人力与时间成本 [7]。随着计算机技术的快速进步，电磁隐身材料仿真技术的精确性、便捷性、拓展性都将大幅提高，计算时间将大幅缩短，极大简化了电磁隐身材料设计工作。因此电磁隐身材料仿真技术是未来电磁隐身材料发展的重中之重。

2. 微观与宏观设计相结合

目前电磁隐身材料在应用上仍然存在着吸收带宽窄、质量大的局限性。可采用两种方法来提高材料性能。第一种方法是通过开发新材料，调控材料微观形貌，改变材料电磁参数，提高电磁波在材料中的能量损耗，来优化材料吸波性能[8]。第二种方法是通过几何设计构造一个特殊的材料结构，使材料具有远远超出自然材料的优异电磁性能，这是由于人工结构造成的电磁共振和耦合效应。这种材料又称超材料[9]，如图7所示，系统的电磁特性是由这些特殊宏观结构引起的，而与材料的组成无关。当材料的结构尺寸小于工作波长时，结构体系可以作为一种有效介质。通过调节有效介电常数和磁导率，即使是一些无损耗材料也可以有显著的电磁波吸收，可以有效减小雷达反射截面，通过宏观结构设计，可以制造诸如频率选择表面、左手材料等超材料，这是一类具有适当层间距的多层材料，应用了干涉相消原理，使入射电磁波反射出与之相消的电磁波，以达到衰减电磁波的目的。

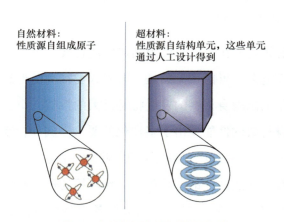

自然材料：
性质源自组成原子

超材料：
性质源自结构单元，这些单元通过人工设计得到

图 7　自然材料与超材料的结构

这两种方法虽然原理不同，但都可增强材料对电磁波的吸收。因此，

神奇的电磁隐身材料

将两种方法结合起来，综合材料的微观与宏观结构设计（见图 8），同时引入两种微波损耗机制，可大幅提升材料的电磁波吸收能力。

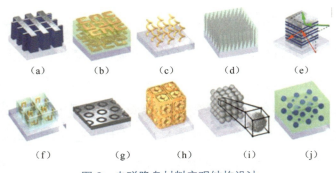

图 8　电磁隐身材料宏观结构设计

经过微观与宏观结构设计后，不仅可以增加材料对电磁波的损耗以实现电磁隐身，也可制造具有一定介电常数和磁导率分布的材料，该电磁隐身材料可以使入射电磁波沿着材料本身导行，避开材料内部区域，该区域即是电磁隐身区域，可以放置需电磁隐身的物体；电磁波在经过隐身材料后，其电磁场形状与物体不存在时完全一样，入射电磁波将被弯曲，绕过需电磁隐身的物体，从而实现物体的完美隐身。

3. 多功能化电磁隐身材料

近年来，射频设备在军事与民用领域广泛普及，电磁隐身材料的应用场景变得庞大而复杂，可以预见的是，未来人类社会的信息化程度将进一步提高，这对于电磁隐身材料的发展将是巨大的挑战，更多更复杂的应用场景对电磁隐身材料的性能提出了多样化的要求。例如，制造隐身战机需要材料具有低密度、高强度、耐高温等性能，而制造可穿戴器件的材料要具有弹性、柔性、导热性，部分恶劣的工作环境还需要材料具有耐酸碱腐蚀、耐氧化等特性[10]。复合材料可以集合各组分材料性能的优点，以获得单一组成材料所不能达到的综合性能，未来电磁隐身材料将是多功能化的复合材料。

随着人们对电磁波的不断探究，应用的电磁波段不断拓宽，探测方式也在进步，这就要求电磁隐身材料吸收的电磁波需要覆盖更宽的频段，在传统的微波波段隐身的基础上，扩展到短波、红外线、可见光等。通过对复合材料的研究，将不同频段隐身材料相结合，制备宽频隐身材料，将是未来电磁隐身材料研究的方向。

结语

通过科研工作者们的不懈努力，隐身材料在 21 世纪之后得到了巨大的发展。军事与民用领域复杂多变、日益增加的需求对隐身材料技术提出了新的挑战，低厚度、低密度、低频吸收、多波段协同吸收成为了新的发展目标。随着材料科学的进步，纳米材料由于其小尺寸效应、表面效应、结构可调谐等众多优势，成为了具有巨大潜力的新型隐身材料；固体物理学的进一步发展详细解析了隐身材料的微观机理，指出了材料参数的设计标准；计算机科学的快速发展，提供了电磁仿真模拟、第一性原理计算等方法，为便捷优化材料结构、模拟计算材料隐身性能奠定了基础。

神奇的电磁隐身材料

参考文献

[1] BALAL Y, PINHASI Y. Atmospheric effects on millimeter and sub-millimeter (THz) satellite communication paths[J]. Journal of Infrared, Millimeter, and Terahertz Waves, 2018, 40(2): 219-230.

[2] DAS R, YOO H. Application of a compact electromagnetic bandgap array in a phone case for suppression of mobile phone radiation exposure [J]. IEEE Transactions on Microwave Theory and Techniques, 2018, 66(5): 2363-2372.

[3] REDLARSKI G, LEWCZUK B, ZAK A, et al. The influence of

electromagnetic pollution on living organisms: historical trends and forecasting changes[J]. BioMed Research International, 2015(2015). DOI: 10.1155/2015/234098.

[4]   HAN M, SHUCK C E, RAKHMANOV R, et al. Beyond $Ti_3C_2T_x$: MXenes for electromagnetic interference shielding[J]. ACS Nano, 2020, 14(4): 5008-5016.

[5]   LU SZ, HUANG J, YI MX, et al. Study on zonal coating design of absorbing material for a stealth helicopter[J]. Aircraft Engineering and Aerospace Technology, 2020, 92(7): 1011-1017.

[6]   CHEN M A, LOU G W, LI X G. Antenna temperature model of 3MM coating stealth material[J]. Journal of Infrared and Millimeter Waves, 2004, 23(3): 221-224.

[7]   ALMALKAWI M, BUNTING C, DEVABHAKTUNI V, et al. Waveguide tubes coated with inhomogeneous lossy materials for superior shielding above and below cutoff frequency[J]. Ieee Magnetics Letters, 2012, 3(1): 1-4.

[8]   FANG W H, XU S J. New electromagnetic absorbers composed of left-handed and right-handed materials[J]. Journal of Infrared and Millimeter Waves, 2008, 29(8): 799-807.

[9]   SHI T, ZHENG Z H, LIU H, et al. Configuration of multifunctional polyimide/Graphene/Fe_3O_4 hybrid aerogel-based phase-change composite films for electromagnetic and infrared Bi-Stealth[J]. Nanomaterials, 2021, 11(11). DOI: 10.3390/nano11113038.

[10]   Gu WH, Tan JW, Chen JB, et al. Multifunctional bulk hybrid foam for infrared stealth, thermal insulation, and microwave absorption[J]. ACS Applied Materials & Interfaces, 2020, 12(25): 28727-28737.

　　王广胜，北京航空航天大学化学学院副院长，教授、博士生导师。主要从事纳米复合材料和石墨烯基复合材料的设计、制备与吸波、电磁屏蔽及储能等性能研究。作为项目负责人已主持国家自然科学基金 4 项，参与军委科技委创新项目等多项科研课题。以第一或通信作者在 *Advanced Functional Materials*、*Nano-Micro Letters*、*Small*、*Chemical Engineering Journal*、*Journal of Materials Chemistry A*、*ACS Applied Materials & Interfaces* 等期刊上发表论文 110 篇，论文他引 6000 余次，H 因子 42，授权国家发明专利 3 项，部分结果已进入产业化中试阶段。担任 *Angewandte Chemie-International Edition*、*Journal of the American Chemical Society*，*Advanced Materials*、*Advanced Functional Materials* 等国际期刊的审稿人以及国家自然科学基金通信评议专家等学术职务。